LA PRATIQUE DE L'AGRICU

ET L'EXPLOITATION DU SOL

EN

TEMPS DE GUERRE

PAR

Arthur CADORET ⚬ I P ✦ ⚬

Ingénieur Agricole
Directeur des Services agricoles du Cantal
Maréchal des Logis d'Artillerie
Ancien chef de poste à la 7me Armée

MONTPELLIER
IMPRIMERIE ROUMEGOUS ET DEHAN
Rue Vieille-Intendance, 5

1916

LA PRATIQUE DE L'AGRICULTURE

ET L'EXPLOITATION DU SOL

EN

TEMPS DE GUERRE

PAR

Arthur CADORET ❀ I P ✲ o

Ingénieur Agricole
Directeur des Services agricoles du Cantal
Maréchal des Logis d'Artillerie
Ancien chef de poste à la 7ᵐᵉ Armée

————◦————

MONTPELLIER
IMPRIMERIE ROUMEGOUS ET DEHAN
Rue Vieille-Intendance, 5
————
1916

PRÉFACE

Nous avons toujours aimé la terre, non seulement par devoir, mais aussi par inclination naturelle. Avec les auteurs anciens ou modernes, nous clamons bien haut que la vie rurale est la plus normale et la plus belle. Elle seule, permet aux individualités qui sont aux prises avec « le strugle for life » de saisir un peu de repos en goûtant le bonheur. A tous les cœurs simplistes, comme aux âmes éprises d'idéal, elle accorde sans compter les plus hautes satisfactions morales et intellectuelles.

C'est pour cela que, malgré les circonstances tragiques du moment, nous avons vécu les heures les plus exquises à lui consacrer nos instants de loisirs. Il y avait là, pour nous, à la fois un agréable dérivatif et un moyen de servir doublement le pays. C'est ainsi qu'après avoir accompli notre devoir de poilu ou de quart de poilu, nous avons consacré nos soirées à l'étude des grandes questions économiques et agronomiques du jour. Nous comprenions dès les débuts de la guerre la situation difficile qui était réservée à la culture et la tâche ingrate qui allait incomber à tous ceux que l'âge ou le sexe retenaient à la glèbe.

Cette situation a été notre objectif. C'est pour les vaillants travailleurs précités, que nous avons écrit, afin d'éclairer leur champ de labeur, comme aussi pour leur donner aux « heures noires » un peu « du cran » si indispensable pour terrasser le découragement.

En réunissant aujourd'hui, dans cette brochure, les divers articles que nous avons publiés d'octobre 1914 à juin 1916, nous essayons simplement de vulgariser quelques idées nouvelles, essentiellement pratiques, afin de continuer à servir la patrie et le sol.

A. C. [1]

26 juin 1916.

---

[1] Actuellement, chargé de mission de ravitaillement au Ministère de l'Agriculture.

Aux Membres

de la Société d'Encouragement à l'Agriculture du Cantal [1]

———

La guerre avait momentanément arrêté la publication du « Cantal Agricole ». Dès maintenant, et pendant toute la durée des hostilités, notre journal paraîtra mensuellement.

Au nom du bureau de la Société d'Encouragement à l'Agriculture, et en notre nom personnel, nous saluons, bien bas, tous ceux des nôtres tombés au champ d'honneur, comme aussi ceux du front qui luttent en héros, pour assurer d'une façon définitive le triomphe du droit et de la liberté sur toutes les barbaries teutonnes.

A tous nos fidèles lecteurs et amis, en deuil ou angoissés, nous adressons l'assurance de nos plus cordiales sympathies.

A brève échéance, nous aurons à couper fleurs et lauriers, pour en tisser des couronnes à tous nos fiers et vaillants soldats. « Sursum corda ! », et ayons foi dans la justice immanente, qui n'est jamais trompeuse, attendu qu'elle guide déjà les ailes victorieuses des armées Françaises et Alliées.

(*Cantal Agricole*, 1er octobre 1914).

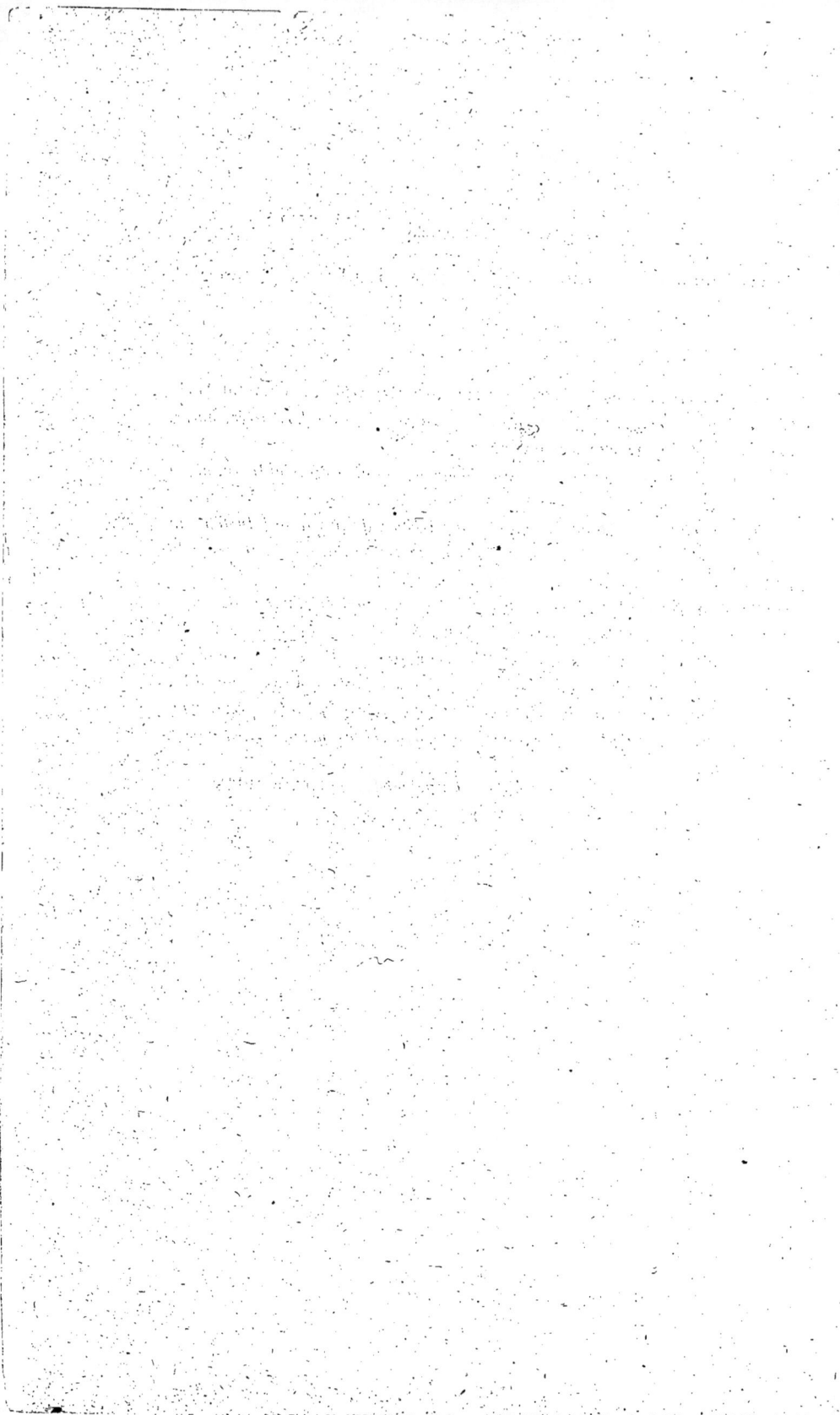

LA PRATIQUE DE L'AGRICULTURE

ET L'EXPLOITATION DU SOL

EN TEMPS DE GUERRE

CONSEILS AUX AGRICULTEURS DU CANTAL (2)

Après avoir donné leurs enfants pour la défense de la Patrie, réalisé d'une façon admirable le ravitaillement des armeés, il reste encore aux agriculteurs la noble et haute mission d'assurer à la vie agricole son intensité habituelle. Il s'agit, malgré les difficultés actuelles, d'exécuter tous les travaux habituels et aller même plus loin, en mobilisant tous les sols susceptibles de porter une récolte. *L'intérêt de la Patrie l'exige,* aussi bien que ceux des particuliers. Est-il possible de donner satisfaction à tous ces intérêts, alors qu'en temps de paix leur réalisation est déjà fort difficile ? Notre conception spéciale des choses de la terre nous permet de répondre tout de suite par la positive, à la condition de ne pas pousser les exigences aux extrêmes, et se rappeler la vieille maxime : « A la guerre comme à la guerre ». La situation, certes, est peut-être compliquée pour tous les exploitants habitués à la régularité du pendule pour l'exécution des travaux habituels, et légion sont ceux qui se lamentent, exagérant même leur situation, sans vouloir se donner la peine d'essayer de résoudre le problème posé. Comme nous allons le voir, avec un peu d'énergie, de l'esprit d'initiative, et, grâce aussi à la mutualité, les populations restées aux champs ne seront nullement au-dessous de la tâche difficile qui leur incombe. Tout ne *sera pas réalisé à la perfection,* bien entendu, mais, en attendant des jours meilleurs, la terre triomphante « quand même » aura su assurer la vie de la nation toute entière.

Main-d'œuvre.— L'idée mutualiste, qui a déjà donné de si merveilleux résultats, saura, dans les circonstances actuelles, trouver les moyens de suppléer à la main-d'œuvre absente. *Tous pour un ; un pour tous,* telle sera la devise des non mobilisés. Jeunes gens, jeunes filles, vieillards et enfants des écoles, groupés par hameaux, communes ou cantons, sauront quitter leurs foyers pour aller prêter leurs bras — faibles ou forts — aux fermes, burons, mas, châteaux plus ou moins désertés.

(1-2) Articles qui étaient à l'impression au moment où nous avons rejoint notre régiment d'artillerie.

Tout le monde dans les champs ou les vignes, telle est la phrase qui devrait être affichée sur les murs et en manchette des journaux. Le cœur Français est passionné pour toutes les nobles causes. Que quelques personnes d'action prêchent d'exemple, et la foule des oisifs suivra. Le champ d'action est immense et le foyer paysan toujours hospitalier. Les bras des villes, de 10 à 18 ans, sont légions. Il ne s'agit que de les enrégimenter et les envoyer faire à la fois une cure d'air et de travail. Si la rentrée d'octobre n'est point parfaite, petite affaire, si la glèbe a le sourire, et la patrie triomphante !

Travail du sol. — Cette question si importante sera difficile à bien réaliser,, par suite des attelages absents. Des moyens nouveaux et rapides rendront des services immenses. Pour aller plus vite, dans les terres ni humide ni compactes, on sèmera sur deux scarifiages atteignant 0 m. 12 à 0 m. 16 de profondeur. Un sarclage au printemps aura raison des plantes adventices. Dans les sols humides, généralement envahis par de mauvaises plantes, on aura recours à de simples labours légers aux bisocs ou aux polysocs.

Tous les sols habituellement incultes —, landes, buges, vieilles prairies, pacages, seront ainsi fouillés, afin de recevoir seigle et avoine.

Fumures. — Il n'y a pas à se préoccuper, outre mesure, des fumures. La restitution se fera au petit bonheur, par des moyens de fortune, suffisants cependant pour assurer une assez bonne récolte. On préparera surtout des composts à base de fumier, curure de fossés, marnes, déchets divers de la ferme, copieusement arrosés de purin. Grâce à deux recoupages pendant l'hiver, la culture disposera, au printemps, d'un excellent terreau fertile, qui sera répandu en couverture et à action très tangible. Dans les pays de vastes luzernières, on grattera leur surface à 0.04 à 0.06 de profondeur, ce qui donnera un terre riche en bactéries et en azote excellente pour la fumure des céréales et de toutes les cultures sarclées.

Tous les engrais seront réservés, de préférence, aux terres labourables destinées à donner des produits alimentaires, tels que grains et tubercules.

Céréales. Tubercules. Grains divers. — La grande pensée directrice actuelle est de produire, pour 1915, le maximum de produits de grosse alimentation, pour éviter toute hausse exagérée de prix et assurer, le cas échéant, de nouveaux ravitaillements. Les surfaces habituellement consacrées aux orges, prairies artificielles ou industrielles auront à céder le pas aux cultures de blé, seigle, avoine, pois, lentilles, haricots et pommes de terre.

Plus que jamais, il sera de rigueur d'éviter la pourriture des tubercules, afin de pouvoir livrer à l'armée la totalité de notre production. Pour cela, il suffira de se conformer aux prescriptions suivantes :

1° Triage sévère pour éliminer les tubercules avariés ;

2° Mise en cave sèche et aérée ;

3° Saupoudrage à la chaux, 5 à 10 ‰.

Lapins et volailles. — Ces élevages simples et rapides sont très lucratifs et appelés à rendre, cette année, de précieux services dans maintes régions du territoire. Avec un peu de bonne volonté, il sera toujours très facile de décupler les élevages habituels. Pour les lapins, on s'adressera

« au lapin gris de pays », le plus rustique et le plus prolifique. On obtiendra d'excellents résultats en leur donnant un logement sec, aéré, et en ayant la précaution de séparer les mâles des femelles. Comme alimentations, sarments et feuilles vertes, feuillards secs, foins, herbes, déchets, racines, débris de légumes et son. Eviter de donner des herbes mouillées.

Si on veut faire la volaille, bien se rappeler que la « poule de pays » n'a point de rivale pour la ponte. Prendre actuellement les plus belles comme grosseur, poids, et provenant des couvées sélectionnées d'avril. En évitant les sorties les jours de froid ou de gelée, et avec une alimentation à base de grains (riz, sarrasin, blé, avoine, orge), déchets animaux et verdure, la ponte régulière commencera en décembre et sûrement fin janvier. Les couvées seront hâtives ; elles seront commencées dès février dans le Midi ; ailleurs, fin mars. L'alimentation des poussins sera à base de pâtée épaisse de farine d'orge, maïs, arrosée de petit lait frais ou d'eau ; ensuite, mie de pain et petites graines. Si on dirige la spéculation sur la production des « poulets de grain », il sera indispensable, pour faire vite, de se procurer un coq Brahma ou Indien. A trois mois et demi, les sujets obtenus seront un tiers plus gros que leur congénères de pas. A trois mois, la préparation à l'engraissement se fait avec de la bouillie de maïs, sarrasin, et en donsant libre parcours autour de l'exploitation. Comme abreuvement, eau fraîche avec un grain de sulfate de fer.

Elevage. — Les petites spéculations sur la basse-cour peuvent être réalisées partout, et donner beaucoup de bénéfices avec peu de travail. Dans les régions de plaines, montagneuses, sèches, où la main-d'œuvre fait défaut, on aura tout intérêt à développer le nombre de têtes du troupeau, et avoir aussi de jeunes bovins achetés au sevrage, qui doubleront de prix en un an.

En montagne et sur plateaux relativement humides, là où l'herbe est abondante toute l'année, il sera de la plus haute prudence de conserver des laitières et d'acheter le plus grand nombre possible de veaux, lesquels, en six mois, doubleront de valeur. Alimenter les veaux, dès le début, au lait complet pour arriver graduellement en douze jours au lait écrémé frais, *stérilisé*, contenant 50 grammes par litre de fécule, de farines de lin ou de manioc. Servir les rations de 8 à 10 litres par jour dans des récipients très propres et à la température de 30 à 32°.

Pour les animaux adultes :

1° Rentrer toutes les pailles pour la consommation ; les servir hachées, humectées d'eau salée, ou en mélange avec le foin ;

2° Faire, dès maintenant, les feuillards (branches et feuilles) de tous les arbres ;

3° Le son étant très bon marché, en faire abondante provision par l'intermédiaire des sociétés, comices ou syndicats.

La fortune du département, en 1915, sera en raison directe du nombre de têtes de bétail qu'on aura pu hiverner.

(*Cantal Agricole*, 1ᵉʳ octobre 1914).

LA CULTURE ECONOMIQUE DES CEREALES

La conflagration épouvantable que nous subissons a une répercussion des plus douloureuses dans tous les foyers. Malgré cela, les forces partielles restées attachées à la glèbe n'ont pas été au-dessous de la tâche difficile qui leur était imposée.

Nous avons la légitime satisfaction de songer qu'avec quelques jours de retard seulement nos admirables populations agricoles ont réalisé à la perfection tous les travaux agricoles habituels : fenaisons, moissons et battages. La Patrie peut être fière de tous ses enfants.

Mais, hélas ! l'agriculteur ignore le repos, et, la moisson à peine terminée, il lui faut songer immédiatement aux semailles, « tant il est vrai que la vie est un éternel cycle ». Les circonstances actuelles, comme nous l'avons dit, imposent quelques modifications (1), aussi bien dans les méthodes culturales que dans l'étendue des ensemencements.

La culture des céréales doit, dans les circonstances présentes, reprendre tout son éclat de jadis, même dans les régions d'élevage, où leurs surfaces sont en diminution constante. Cela est absolument de rigueur, afin de pouvoir se passer de l'étranger et faire normalement la soudure. A ces conditions seulement, nous éviterons la hausse exagérée qui se produit toujours en fin de saison, tout en assurant aux vaillants défenseurs du sol l'énergétique abondante dont ils ont besoin, pour « bouter » les bandits hors de nos frontières et leur faire « la conduite de Berlin ».

La terre, cette source intarissable d'énergie, de dévouement et d'abnégation, a donc droit à de multiples égards. Aussi, les quelques lignes qui vont suivre seront-elles de nature à servir de guide et à faciliter le travail des cultivateurs aux prises avec les difficultés.

TERRES A CÉRÉALES. — Il convient, d'abord, de bien spécifier que *toutes les terres labourables* seront réservées au blé, seigle, pommes de terre et avoine. La culture continue s'impose sans discussion aucune pour l'instant. Ces dernières cultures bénéficieront ainsi de toutes les surfaces habituellement consacrées aux orges et fourrages annuels. On aura, dès lors, un excédent de production qui assurera largement tous les besoins de la vie matérielle des populations militaires et civiles.

TRAVAIL DU SOL ET ENGRAIS. — On ne saurait songer à l'heure actuelle de préconiser l'usage des méthodes classiques. La culture simple et rapide est absolument forcée, par suite du manque général d'attelages. Les exploitants ayant des capitaux disponibles auront cependant intérêt à se procurer des vaches de travail. Les achats seront faciles dans le Cantal, où des disponibilités importantes existent encore. Plusieurs paires de vaches exécuteront ainsi les travaux, très simplifiés du reste, si on a su introduire la charrue Brabant. Dans l'impossibilité de pouvoir labourer, on aura recours aux deux méthodes suivantes :

1° Scarifiages croisés, atteignant 0 m., 10 à 0 m., 12 de profondeur, obtenus avec 2 chevaux ou 4 vaches. Semailles entre les deux scarifiages. Ce moyen, très rapide, sera utilisé avec plein succès dans tous les sols secs ou légers. Au printemps, on fera exécuter des sarclages.

(1) *Les Cultures en temps de guerre.*

2° Dans les sols qui ont une tendance à être envahis par les plantes adventices, le passage du troupeau remplacera la première façon. Les semailles seront ainsi faites sur le sol non labouré. Le recouvrement des semences effectuera à raie couverte, aux bisocs à 1 cheval, ou aux polysocs tirés par 2 chevaux ou 4 vaches. La fumure en couverture sera exécutée au printemps (février) avec des engrais complets ou des nitrates. Il sera bon de faire suivre la fumure par un hersage et un roulage. Si les engrais chimiques manquent, on utilisera les composts marnés ou chaulés à base de fumier, résidus divers, marcs, curure des fossés, gadoues, feuilles, cendres, charrées, etc., etc. Le tout sera copieusement arrosé de purin et recoupé deux ou trois fois. Au printemps, fin février, à la dose de 4.000 à 5.000 kgr. par hectare, cet excellent terreau de compost sera plus que suffisant pour assurer la récolte.

(*Le Progrès Agricole et Viticole*, 8 octobre 1914).

DE L'UTILISATION DES PAILLES EN TEMPS DE GUERRE

Notre pays, qui se suffit presque en production de céréales, jouit du privilège d'avoir un stock important de pailles. La pratique journalière montre que ces dernières sont bien insuffisamment utilisées. L'état actuel de guerre doit les mettre en relief, afin de les approprier aux besoins actuels de l'alimentation animale, qui pourrait bien laisser à désirer si on ne prend le plus rapidement possible toutes mesures utiles.

Les pailles, jadis, étaient jugées indispensables pour la production d'un bon fumier de ferme ; « le bétail, disait-on, étant un mal nécessaire pour l'obtention des récoltes abondantes. » Aujourd'hui, que la culture n'est plus strictement tributaire du fumier à base de litières, les pailles, dit-on, ne sont que des *aliments adjuvants grossiers mal utilisés, de faible valeur*, n'étant à la ferme l'objet d'aucun soin. Il convient de réfuter, du moins en partie, ces idées peu justes, pour mettre en lumière tout l'intérêt qui devrait s'attacher à arriver à une meilleure utilisation de ces produits secondaires.

Tout d'abord, les tables de G. Kelner montrent que les pailles ont *de la valeur de par leur composition même*. La comparaison avec le foin du pré va, du reste, nous renseigner :

ALIMENTS	Matière sèche	Protéine	Matière grasse	Extractifs non azotés	Cellulose	Coefficient nutritif par rapport à l'amidon
Foin	85.7	7.5	1.5	38.2	33.5	0.49
Orge de Printemps	85.7	3.5	1.4	35.9	39.5	0.46
Orge d'hiver	85.7	3.2	1.4	33.5	42	0.31
Avoine	85.7	3.8	1.6	35.9	38.7	0.43
Seigle	85.7	3.1	1.3	33.2	44	0.30
Blé	85.7	3	1.2	35.9	40.8	0.32

Sauf pour ce qui concerne la protéine, les pailles sont à peu près aussi riches que le foin ordinaire. Dans la pratique de certaines régions montagneuses, où les pailles sont rares, on apprécie, depuis un temps immémorial, cette valeur. Les pailles, en effet, dans le Vivarais, l'Auvergne, les Hautes-Alpes et certaines régions de la Provence ou du Languedoc, sont mises en granges, afin de les faire concourir pour une large part à l'alimentation hivernale du bétail. Cette utilisation donne raison à la science, tout en mettant en relief la valeur de cet aliment méconnu.

Des expériences que nous avons poursuivies pendant dix ans dans le Languedoc, à ce sujet, sont des plus concluantes. Nos rations hivernales étaient composées de *paille d'orge à volonté* et de *trois à six litres d'avoine, pois chiches et maïs mélangés.* La bascule n'a enregistré que des pertes de poids insignifiantes chez nos chevaux et mulets de différents âges, soumis à tous les travaux habituels de saison. Dans le Haut-Vivarais, pareilles expériences organisées sur des laitières en état de gestation avancée furent toujours positives. Les pailles de seigle ou d'avoine formaient deux rations sur trois. Cette dernière étant constituée par 2 kil. 500 de foin de prairie naturelle. Aussi, nous sommes persuadé que la situation actuelle doit engager les cultivateurs et l'Intendance à modifier les rations habituelles du bétail de la ferme, ainsi que celles de notre artillerie et cavalerie.

Si l'analyse n'assigne pas grandes différences au point de vue chimique entre toutes les pailles, il est de la plus haute importance de faire remarquer, par contre, que leur constitution physique varie et qu'elle peut influencer plus ou moins leur utilisation. C'est ainsi que les pailles de blé seigle et orge de printemps, sont bien plus résistantes et dures que celles d'orge d'hiver et d'avoine. De ce fait, les premières exigent un travail de mastication pénible. Les pailles d'orge d'hiver ébarbées et d'avoine sont, en outre, plus foliacées. Aussi, nous n'hésitons pas à leur assigner le premier rang parmi toutes les pailles. On a souvent reproché aux pailles d'orge leurs barbes abondantes, qui favorisent l'engorgement des gencives. A cette critique, il nous est facile de répondre que les accidents en question ne sont jamais graves, qu'il est facile de les éviter par l'examen bi-hebdomadaire des mâchoires, et que nos batteuses perfectionnées séparent très bien les pailles de leurs barbes piquantes. Mais, en préconisant l'emploi intensif des pailles, nous rappelons qu'il ne saurait ici être question de l'emploi des pailles avariées, mais bien de toutes celles exemptes de champignons, de mauvaises odeurs et absolument blanches. En effet, dès que les pailles sont de qualité douteuse, le bétail les refuse systématiquement. Enfin, la valeur alimentaire des pailles sera toujours augmentée par le secouage, le hachage ou leur mélange à de la mélasse et du sel dénaturé.

A l'heure grave où le bétail se raréfie, il convient de conserver à la ferme le plus grand nombre de reproducteurs, afin de sauver le cheptel français et assurer le ravitaillement futur de nos vaillants et merveilleux soldats. Pour cela, bien utilisées, les pailles seront d'une importance absolument capitale. Le cultivateur doit donc préserver ses pailles des intempéries, les faire consommer en abondance, et l'Intendance elle-même donner l'exemple en donnant la première place à celle d'orge.

(*Le Progrès Agricole et Viticole*, 7 février 1915).
(*L'Industrie laitière*, août 1915).

LES CULTURES EN TEMPS DE GUERRE

Tous les cultivateurs, âgés ou malades, encore attachés à la glèbe, ont, eux aussi, leur mission à remplir. En effet, en temps de guerre, plus que jamais, on est en droit de dire avec Raspail que : « La force vient du ventre », et que les meilleures armées, celles assurées de la victoire, sont celles qui, bien alimentées, fourniront maximum d'endurance et d'effort soutenus. Nos soldats ne vivent pas d'aliments de luxe, mais surtout de pain, de céréales, de tubercules et de graines de légumineuses. De ce fait, il est probable que tous les autres produits seront largement délaissés en 1915.

Il est donc du devoir de tous les terriens de rejeter les cultures de luxe pour accorder la prédominance aux cultures faciles, ne nécessitant que peu de main-d'œuvre et capables de fournir aux armées et aux populations civiles une alimentation à la fois saine et économique.

La région méridionale doit donc orienter la culture de *tous les sols vers la production intense* du blé, de l'avoine, du maïs et des pommes de terre. Non seulement les sols habituels seront ensemencés, mais bien aussi les parcelles incultes, ainsi que toutes les terres livrées aux cultures arbustives.

En temps de guerre, les cultures associées s'imposent partout. Les surfaces consacrées aux cultures horticoles ou florales seront réduites de 75 %. L'intérêt supérieur de la Patrie semble, à notre avis, imposer toutes ces modifications. A cela, nous ajouterons qu'il sera absolument de rigueur de développer, partout où elles seront possibles, *les cultures dérobées*, sur céréales. Après moissons, on confiera aux sols des graines de pois, de haricots et de sarrasin. Pour toutes ces dernières, semis à la volée, sur les chaumes, avec enfouissement à la herse.

Si tous les cultivateurs de France veulent bien suivre nos conseils, non seulement ils contribueront pour une large part à la victoire, mais aussi à assurer la paix et la tranquillité au sein de tous les foyers. A l'avance, nous savons que la terre ne sera pas au-dessous de la noble et haute mission qui lui incombe, et qu'elle sortira grandie, après les circonstances aussi terribles que douloureuses qu'elle aura dû subir.

(*Le Réveil Agricole*, 7 février 1915).

LA CULTURE DE LA POMME DE TERRE

Dans un article précédent, nous avons essayé de montrer que le devoir de la culture consiste à produire pour nos armées des stocks considérables de produits alimentaires de première nécessité. Au premier rang se place la culture de la pomme de terre, laquelle, on peut le dire, en parodiant une phrase de Buffon, « est la plus noble conquête que l'homme ait pu faire pour les temps de paix ou de guerre. » Ce précieux tubercule, qu'on trouve sur toutes les tables, n'a que des amis ; que dis-je, des adorateurs. Chez le riche comme chez le pauvre, la pomme de terre figure à toutes les sauces et à tous les repas. A la caserne, comme au bivouac ou dans les tranchées, il n'y a qu'un cri : des pommes de terre, encore des pommes de terre, et toujours des patates ! Si ce tubercule joue un rôle énorme en temps de paix, il semble aisé de concevoir son rôle en temps de guerre, pour avoir le droit, actuellement, de le placer sur un piédestal.

Dans de pareilles conditions, la culture de ce précieux tubercule doit attirer l'attention de tous les cultivateurs qui pensent à nos admirables soldats et qui désirent hâter leur triomphe définitif.

Les terres *maraîchères*, des *vallées*, ainsi que les *sols irrigués*, non occupés par les céréales, doivent être réservés à la production des *tubercules à grands rendements*. Il ne saurait être question, actuellement, de nos tubercules favoris de table, si appréciés des gourmets et que nous connaissons tous sous les noms de : Belle de Fontenay, Saucisse, Marjolin, Quarantaine des Halles, etc. Comme il faut rechercher les plus hauts rendements pour alimenter le maximum de personnes, il sera bon de se limiter à l'*Institut de Beauvais, Czarine, Canada* et *Merveille d'Amérique*, pour obtenir, en bonne moyenne, de 15 à 20.000 kilos à l'hectare. Au point de vue cultural, mise en place des taillons à deux yeux dans la raie ouverte par la charrue, aux écartements de 0 m. 20 à 0 m. 50. Afin d'économiser la fumure, localiser le fumier de ferme ou les engrais complets directement dans la raie avec les taillons. Cette méthode, que nous avons expérimentée en grand depuis dix ans, nous a toujours donné d'excellents résultats.

Remplaçons, sans hésitation, toutes nos cultures légumières de luxe par la pomme de terre, et tous les terriens auront la satisfaction d'avoir bien servi la Patrie.

(*Le Réveil Agricole*, 28 février 1915).

LES CULTURES ASSOCIEES ET LA GUERRE

Il fut une époque où les cultures associées eurent une mauvaise presse. On ne vivait à la terre qu'imbu des richesses passagères offertes par la monoculture. Depuis, nombre de terriens ont fait de cruelles expériences de bien coûteuse école, et les jeunes générations, pleines « du bon esprit pratique de réalisation », ont jeté un coup d'œil sur les régions de polyculture, les seules qui aient résisté en tous temps aux crises économiques agricoles. C'est ainsi que le plus bel exemple de polyculture et de cultures associées fleurit depuis une quinzaine d'années dans notre superbe vallée du Rhône et vallées adjacentes.

Aujourd'hui, en état de guerre, les cultures associées doivent être généralisées partout, afin d'obtenir la meilleure utilisation du sol, et produire en abondance tous les produits alimentaires, susceptibles de nourrir la nation armée. Au milieu des cultures diverses, habituellement choisies, il convient encore une fois de changer son fusil d'épaule, afin d'approprier la puissance manufacturière du sol aux circonstances économiques actuelles. La puissance créatrice de la terre doit être orientée elle-même vers le triomphe de nos vaillantes armées, dont les réserves énergétiques seront toujours en raison directe des vivres abondants qu'on sera susceptible de leur livrer d'une façon normale et continue. Il semble, dès lors, qu'on puisse classer toutes les productions solides en deux grandes catégories :

1° Produits alimentaires de luxe ;

2° Produits alimentaires de première nécessité.

Les premiers n'ont guère leur raison d'être, les débouchés étrangers fermés, d'une part, et leur faible volume alimentaire, d'aucun intérêt, d'autre part. Par contre, on ne produira jamais en trop grande abondance les produits alimentaires de première nécessité, ceux sur lesquels reposent l'alimentation du pays tout entier.

La raison trace donc aux cultivateurs leur devoir, celui de négliger totalement les premiers pour faire prédominer, au contraire, les seconds partout où le sol peut être utilisé. Cette façon actuelle de concevoir l'exploitation du sol donnera au pays un champ immense de production, si on sait utiliser à profusion les cultures associées. Toutes les terres qui avaient l'habitude de porter des cultures de luxe — fruitières, horticoles ou florales — possèdent un fonds de richesse inépuisable, qu'il suffira de mobiliser pour les grosses cultures alimentaires, à la fois simples et productives. Le cultivateur s'en tiendra aux cultures de pommes de terre, pois, haricots, pois chiches, maïs et sarrasin. Toutes les terres, avec un léger supplément d'engrais chimiques, porteront, de février à août, deux cultures successives. Nos compatriotes seront ainsi à même de pourvoir largement à l'alimentation locale, tout en fournissant en outre de grosses disponibilités à l'Intendance chargée du ravitaillement de nos admirables armées. Il y a là une grosse question nationale — de vie ou de mort, dirons-nous, — qui doit guider tous les propriétaires et aussi tous ceux qui ont mission de semer le bon grain dans les sillons de la bonne glèbe.

Jetons, en terminant, le cri d'alarme à tous ceux qui, oubliant l'heure tragique présente, stérilisent le bon sol de Provence ou du Languedoc, en poursuivant des plantations de vignes, dans d'excellentes terres à grains ou à tubercules, et qui privent ainsi la France de produits si indispensables à la vie du pays.

(*Le Progrès Agricole et Viticole*, 14 mars 1915).

LES JARDINS POTAGERS DES G.-V.-C.

La garde des voies et communications laisse à nos soldats une certaine liberté. Comme en temps de guerre on ne saurait trop utiliser toutes les forces disponibles, on va essayer sur plusieurs points de doter les G.-V.-C. d'un potager. L'idée n'est rien moins que merveilleuse, attendu qu'elle va répondre à un double but :

1° Intéresser nos gardes voies ;

2° Leur permettre de produire tous les légumes nécessaires à l'ordinaire. Il est dès lors facile de comprendre que si tous nos postes de G.-V.-C. arrivaient à avoir leur jardin, il y aurait possibilité de disposer de par ailleurs des masses alimentaires considérables qui sont actuellement prélevés sur nos marchés et qui deviendraient disponibles pour le ravitaillement des armées et de la population civile.

L'organisation de ces jardins ne présente aucune difficulté, comme nous allons le voir, les deux éléments de réussite — force et nombre — étant réunis. En effet, un tiers des hommes au minimum reste disponible et la location du sol toujours facile à réaliser. Quant à la question des outils, des engrais et des semences, il sera toujours élémentaire pour un chef de poste débrouillard de les avoir à bon compte. Nous pensons que les agriculteurs voisins se feront un plaisir et un devoir de prêter les outils et de vendre une partie des semences et jeunes plants. Les graines délicates seront demandées à nos marchands grainetiers, qui, certainement, accorderont des prix de faveur. Pour la question des engrais, elle sera réglée comme « en Chine » ! « les feuillées étant là pour fournir une bonne partie de la fumure, qu'il sera aisé de compléter par une balle d'engrais complets. La question pratique peut donc être résolue en un tour de main.

La partie financière ne présente rien d'insurmontable étant donné que les dépenses à engager ne seront jamais de nature à grever fortement le budget. Nous pensons que, pour réaliser la mise à point d'un jardin de 20 à 30 ares, nous aurions en dépenses :

Location du sol	10 fr.
Semences tubercules..................	24 »
Semences diverses....................	16 »
Engrais complets....................	20 »
	70 fr.

Si le poste est dans l'obligation d'acheter des outils, il conviendrait d'ajouter : (Nous ne le conseillons pas).

5 bêches...........................	25 »
5 pioches houes.....................	12 50
1 râteau...........................	3 50
1 cordeau..........................	1 50
	42 50

Soit, au grand maximum, une somme de 112 fr. 50, qui serait amortie à raison de 0 fr. 50 par homme et par prêt. En cours de saison, la vente de quelques légumes permettrait aux G.-V.-C. de rentrer dans leurs débours. Enfin, la gratuité des légumes obtenus diminuerait les frais d'ordinaire de plus de 30 %, ce qui laisserait un gain appréciable ristourné mensuellement aux G. V. C. Pour la distribution des cultures, on adoptera généralement les bases suivantes :

Pommes de terre .... 5/10 de la surface
Légumineuses et choux...3/10   —
Autres légumes .... 2/10   —

Toutes les surfaces libres, suivant les régions, recevraient des cultures dérobées de radis, choux, raves et navets.

Enfin, un petit clapier pourrait être le complément naturel du jardin, surtout lorsque le printemps arrive et que l'herbe pousse partout.

Ainsi, dans leur rôle modeste, les G.-V.-C., grâce à leur jardin, serviront à la fois utilement la Patrie et la cause du ravitaillement de la nation armée.

(*Le Progrès Agricole et Viticole*, 28 mars 1915).

LE TRAVAIL DU SOL EN TEMPS DE GUERRE

L'agriculture, malgré la guerre, a donné un merveilleux exemple de dévouement et d'abnégation. Non seulement toutes les fermes ont rentré leurs récoltes de 1914, mais bien aussi assuré les futures récoltes et préparé les soles de printemps. Avec justes raisons, on a le droit d'être fier d'appartenir à un pays dont l'énergie atavique est capable de suffire au front militaire, tout en assurant la vie du pays. De ce fait, bien peu de parcelles resteront incultes, et c'est avec joie qu'on peut considérer, d'ores et déjà le ravitaillement assuré pour 1915.

Si produire est bien, obtenir les rendements les plus élevés sera encore bien mieux. Pour cela, il est évident que le travail du sol doit être continué au premier printemps et se poursuivre régulièrement jusqu'à la récolte. Cela est absolument nécessaire pour lutter contre les plantes adventices, la sécheresse, et assurer le développement normal des produits à obtenir. On résoudra positivement la question en donnant au sol de nombreux binages avec des instruments attelés, lesquels, tout en nettoyant le terrain, lui permettront de conserver ses réserves aquifères, par suite des obstacles mis à son évaporation. Les anciens connaissaient les propriétés des binages lorsqu'ils disaient « *qu'ils valaient des arrosages* ». Actuellement, et en connaissance de cause, on a pu édifier « le dryfarming », qui fait merveilles en Afrique et dans les zones sèches de l'Amérique. Il convient actuellement d'opérer ces façons rapidement et aussi économiquement que possible. On ne saurait compter sur les opérations à la main. La nécessité, l'heureuse nécessité, va obliger les cultivateurs à s'adresser aux instruments attelés et à généraliser leur emploi à toutes les cultures. Parmi les machines à préconiser, en première ligne nous avons les houes et cultivateurs à socs interchangeables, les polysocs, les charrues interceps et les bisocs.

Les houes actionnées par un cheval font un travail assez rapide dans les sols propres et légers. Ailleurs, la façon laisse à désirer, et l'ouvrier fatigue énormément. Le rôle de cet outil a été surfait à tel point que nombre d'exploitations viticoles ne s'en servent plus.

Les cultivateurs montés sur trois roues et actionnés par deux ou quatre bêtes sont fortement à conseiller pour la préparation des terres avant semailles, plantations et aération des prairies. On peut les utiliser dans les vignes en novembre et février. Avec deux bœufs ou chevaux, on arrive à faire deux hectares par journée de dix heures.

Les charrues polysocs jouent le même rôle que les cultivateurs. Mais leur fonctionnement est médiocre dans les sols secs ou envahis par les plantes adventices. Par contre, elles sont utilisées avec succès dans les vignes bien tenues, pour les déchaumages et l'enfouissement des céréales semées à la volée. Si on désire réaliser un binage superficiel, il faut avoir la précaution d'enlever les versoirs.

Les charrues interceps, bien choisies, et surtout bien conduites, permettent de réaliser une grande économie de temps et d'argent. Elles effectuent le déchaussage à peu près certain des vignes, ce qui permet de supprimer totalement le travail à bras. Le travail n'est pas pénible, et il est aisé de déchausser 3 à 4 hectares par jour, soit un travail égal à celui de 10 à 15 ouvriers. La charrue interceps doit être placée en tête de tous les outils viticoles.

Enfin, les charrues bisocs (deux corps de charrues) sont des instruments merveilleux, trop peu répandus, et que les sociétés d'agriculture, syndicats, etc., etc., devraient généraliser et imposer même à tous leurs adhérents. Ces petites charrues, susceptibles d'être actionnées par un âne ou un poney, exécutent un travail rapide et parfait dans tous les sols propres. Elles exécutent les labours ordinaires, de déchaumage ou d'enfouissement des semences. En retirant les deux socs, elles remplissent admirablement bien le rôle de bineuses. Le soc tranchant circule entre deux terres, — (même dans les sols couverts d'herbes), — coupant les racines, aérant le sol et le laissant parfaitement nettoyé. En adaptant à droite un soc allongé de 0 m. 40, on arrive à biner deux hectares de vignes par jour. Les charrues bisocs peuvent également servir à nettoyer les cultures sarclées.

Aussi, estimons-nous *qu'en temps de guerre, comme en tous temps*, il devrait y avoir, dans les exploitations agricoles ou viticoles, autant de charrues bisocs que de bêtes de labours à l'écurie.

(*Le Réveil Agricole*, 14 avril 1915).

LA MAIN-D'ŒUVRE FEMININE

Les régions viticoles ainsi que les pays d'élevage sont en ce moment aux prises avec les difficultés multiples inhérentes au manque de main-d'œuvre. En temps de guerre, en effet, on ne saurait concevoir les soldats au front et les terriens valides fixés à la glèbe. Cependant, il convient de mettre en relief toutes les heureuses initiatives qui sont dues à M. F. David, notre éminent ministre de l'Agriculture, qui est aussi — il convient de le dire — le président-fondateur de « *la Société de la Main-d'œuvre agricole* ». Cette importante association a étudié de nombreux problèmes économiques et rendu d'immenses services à des légions d'exploitants. Actuellement, elle étend ses services aux réfugiés Français ou Belges, et procure les bras utiles à la marche normale de la culture. Il en est de même de la Société Française d'émulation agricole contre l'abandon des campagnes, la plus ancienne des sociétés s'étant occupée de main-d'œuvre agricole. Il convient d'en féliciter son éminent président, M. le député Noulens, plusieurs fois ministre, ainsi que son aimable et actif secrétaire général, M. Guy Moussu. Le régime de la nation armée a rendu difficile l'accomplissement du programme de ces sociétés. C'est alors que M. le Ministre de l'Agriculture, F. David, a demandé et obtenu de M. le Ministre de la Guerre le régime des congés agricoles pour semailles, tailles de vignes, arbres fruitiers, etc., etc... Il a complété le réseau de cette action si féconde, en obtenant que des soldats et des attelages soient mis à la disposition des cultivateurs, qui en feraient la demande à la préfecture de leur département.

C'est grâce à l'ensemble de ces mesures que d'ores et déjà, la glèbe féconde de France assurera en 1915 la vie de tous ses enfants. Le merveilleux de cette action économique n'échappera à personne, et, plus tard, l'histoire en tracera une belle page, lorsque nos vaillants héros auront à tout jamais broyé la race maudite des barbares germaniques.

Malgré toutes les dispositions prises pour donner le maximum de main-d'œuvre à la terre, il y aura toujours une certaine gêne imposée par le service du front, service non discutable et qui doit assurer, à brève échéance, la victoire. Aussi pensons-nous que si la viticulture, en particulier, et les régions d'élevage, en général, sont inquiètes, il semble rationnel « de ne pas jeter le manche après la cognée, avant d'avoir essayé le possible et l'impossible vers la réalisation *d'un effort bien orienté*. Le brave La Fontaine nous engage à l'effort à toutes les heures de notre existence. Il semble donc naturel, dans les circonstances actuelles, de chercher ce qui manque au delà *des sentiers battus* ou de l'usage *habituel*, afin d'innover quelque chose de pratique. Or, en examinant l'ensemble des travaux viticoles, d'élevage ou de laiterie, on ne tarde pas à s'apercevoir qu'en dehors de quelques opérations qui demandent force et entraînement, la majorité des travaux peuvent être effectués par la main-d'œuvre féminine. Si, en effet, jusqu'ici, la main-d'œuvre masculine a seule prévalu, c'est qu'à vrai dire l'égoïsme et la peur de la concurrence ont fait le nécessaire pour écarter le sexe faible de presque tous les travaux agricoles. Il y a là une lacune économique qu'il faut reconnaître, étant donné que, dans les montagnes du Gard, de Vaucluse, de la Drôme, de l'Ardèche, du Cantal, etc., etc., la main-d'œuvre féminine y rend de signalés services dans toutes les branches de l'exploitation. Qu'il nous soit permis de signaler, en passant, qu'il y a aussi, de par les faits ci-dessus signalés, une infériorité marquée pour les régions viticoles chez lesquelles la main-d'œuvre féminine ne se produit presque jamais. Mettons au compte des préjugés et de la routine cette différence de méthodes, et examinons de près la question.

Les travaux de soufrages et sulfatages n'ont rien de pénible d'une part, et, en une seule leçon pratique bien expliquée et démontrée, d'autre part, on arrive à les rendre exécutables même par des enfants. Pour le soufrage, on évitera tout excès de charge, en disposant les sacs çà et là dans les vignes ainsi que sur les chemins ou bordures, toutes les fois qu'on utilisera la soufreuse à dos, le soufflet, ou la main. Avec la soufreuse à traction animale, aucune modification à apporter. Pour les sulfatages, il convient de ne conserver le pulvérisateur à dos d'homme que si le personnel masculin est en nombre. Encore ne le conseillons-nous pas, l'opération longue et pénible ne donnant pas de meilleurs résultats que ceux obtenus avec les pulvérisateurs attelés bien conduits. Il convient donc, en dehors des vignes de coteaux, d'abandonner le petit pulvérisateur d'une façon définitive. Les exploitations viticoles devront généraliser *partout* les pulvérisateurs à bât ou à traction, afin d'utiliser la main-d'œuvre féminine.

Dans les régions d'élevage et de laiterie, comme le Cantal, l'Ardèche, le Puy-de-Dôme, etc., etc., les ouvrières auront leur place toute indiquée à l'exploitation et « au buron de la vacherie ». Les ouvrières les plus fortes et les plus vigoureuses seront occupées à la traite, au transport du lait de la vacherie, au buron, ainsi qu'au travaux de l'extérieur. Après 7 à 8 jours d'entraînement, une personne adroite et vigoureuse arrive à traire rapidement 10 à 12 vaches à l'heure. De même, en une demi-journée de pratique, l'ouvrière peut faire fonctionner faucheuse ou moissonneuse. Les jeunes filles, plus délicates, seront chargées du ménage, de la surveillance des enfants, de la nourriture du bétail, des travaux de laiterie, du liage et ramassage des gerbes, et, enfin, des travaux de fanage.

Nous avons vu à l'œuvre d'assez nombreuses fermières ou citadines pour être assuré qu'il suffira de vouloir pour pouvoir arriver à d'excellents résultats. Les élèves de nos écoles ménagères sont là pour attester le rôle important de la main-d'œuvre féminine dans les exploitations.

Mais la dite main-d'œuvre ne saurait venir toute seule ; il y a de la part des exploitants *un effort* à réaliser :

1° Pour généraliser le machinisme à toutes les exploitations ;

2° Afin de recruter, là où elle se trouve, la main-d'œuvre féminine et assurer aux nouvelles collaboratrices de l'exploitation tout le nécessaire et même le superflu auxquelles elles ont droit, afin de les intéresser et même de développer chez elles le goût de la vie rurale.

Pour ce qui concerne le machinisme, avec ou sans argent, la question sera vite réglée. Les propriétaires fortunés achèteront directement au comptant. La petite culture, manquant de capitaux, se groupera « en coopérative de travail » et recevra tout l'argent utile par l'intermédiaire de la caisse de crédit agricole.

En ce qui concerne le recrutement de la main-d'œuvre féminine, il sera normal de coordonner les efforts et d'agir rapidement. Si les localités voisines ne donnent rien, il sera indispensable de s'adresser à l'Office national de la main-d'œuvre agricole, 11, quai Malaquais, à Paris, office placé sous le patronage de M. le Ministre de l'Agriculture. Enfin, on pourra aussi faire appel directement aux villes ou régions à usines ou fabriques fermées, bien pourvues d'ouvrières. Tels les cas de l'Ardèche ou du Cantal avec leurs ouvrières en soie ou parapluie. Les comices et syndicats devront s'occuper du recrutement et régler *à l'avance* avec les employeurs toutes les questions d'hygiène, nourriture, logement, heures de travail et salaire. En assurant aux ouvrières un certain confort, de gros salaires et, le cas échéant, la vie de famille, le recrutement s'opérerait facilement et rapidement.

L'heure n'est point actuellement, aux discussions, mais bien à l'action. Il s'agit d'accorder à la main-d'œuvre féminine la place qui lui revient de droit :

> Les hommes au front,
> Les femmes aux champs.

Mais, de grâce, ne soyons point trop exigeants ; sachons aussi élargir le cercle de famille et montrons-nous pleins de belle générosité.

(*Le Progrès Agricole et Viticole*, 25 avril 1915).

LA BOUILLIE SOUFREE ET LES ARBRES FRUITIERS

La pénurie de sulfate de cuivre en France a mis les pouvoirs publics dans l'obligation de s'occuper de l'importation de cet anticryptogame puissant. Tout récemment, M. F. David, l'éminent ministre de l'Agriculture, indiquait des stocks en Angleterre, et engageait les sociétés, syndicats et négociants à se grouper, afin d'arriver à une exportation rapide.

Heureusement, le sulfate de cuivre peut être remplacé par le soufre et la chaux, pour la lutte contre les maladies cryptogamiques qui attaquent les arbres fruitiers. Nous avons acquis la certitude de l'action de la *bouillie soufrée* (1); à la suite d'expériences poursuivies pendant trois ans dans notre ancien champ d'expériences de Tournon-sur-Rhône, ainsi que chez M. Bourrette, président du Syndicat agricole de Saint-Sauveur-de-Montagut (Ardèche). Nos expériences furent également réalisées chez de nombreux propriétaires pour ce qui concerne les arbres à pépins et les fraisiers. Partout, l'action fut efficace, et, en particulier, à peu près complète pour ce qui concerne les maladies cryptogamiques suivantes des pêchers, poiriers et fraisiers :

```
      Pêchers  : Coryneum Bejérinkii.
         »     : Phylostïcta persicœ.
         »     : Taphrina déformans.
      Poiriers : Fusicladium dendriticum.
         »     : Rœstellia cancellata.
         »     : Septoria piri.
      Fraisiers : Septoria fragariœ.
```

Par comparaison, les résultats donnés par la *bouillie bordelaise neutre ou acide* ne furent pas supérieurs à ceux obtenus avec la bouillie soufrée. Il semble donc de saison de rappeler la préparation de la bouillie soufrée et la façon de l'appliquer sur nos divers arbres fruitiers. La formule utilisée fut la suivante :

```
      Soufre ........................ 2 à 3 kilos
      Chaux ......................... 3 à 4  »
      Eau ........................... 100 litres
```

Il est bien évident qu'il n'y a rien de fixe dans la dite formule, qu'on peut faire varier à l'infini, en modifiant les doses du mélange. La préparation en est fort simple, si on veut bien suivre notre mode opératoire.

1° Prendre de la chaux, — de préférence grasse —, tamiser, peser et faire un léger ajout d'eau pour obtenir une pâte épaisse et maléable à la fois ;

2° Peser 2 à 3 kilogs de soufre, précipité, sublimé ou trituré, et l'incorporer très doucement à la pâte de chaux, par un bon malaxage ;

3° Prendre 1/10 du poids du mélange et verser lentement dessus 10 litres d'eau, tout en continuant de malaxer. Verser tout de suite la bouillie obtenue dans le pulvérisateur.

Pour les applications, il sera bon d'en faire quatre, aux dates suivantes : 1re application, novembre ; 2me, avant le débourrement ; 3me, sur les premières fleurs ; 4me, deux semaines après.

Nous croyons que les deux premiers traitements ont une action préventive, en empêchant l'évolution hâtive de certains champignons dont la biologie est encore peu connue, et qui, croyons-nous, ne restent nullement inactifs pendant la saison hivernale. Cela résulte de la constatation que nous avons faite le 22 février 1913, au cours d'une excursion que nous avions organisée, de concert avec le Syndicat agricole de Limony. Cette excursion avait pour but l'étude des merveilleuses cultures de pêchers de la vallée de l'Eyrieux. Ce jour-là, nous avons constaté une chute intense de bourgeons et l'évolution hâtive de la gommose et de son frère siamois, le Coryneum.

(1) Expériences confirmées par les agronomes des Etats-Unis.

Il est donc indispensable d'appliquer aux arbres fruitiers des traitements préventifs pendant l'hiver, ainsi qu'au premier printemps lorsque apparaissent les premières fleurs et feuilles. La bouillie soufrée, absolument inoffensive, jouit encore de la propriété de ne point tacher les fruits.

L'action de la bouillie soufrée étant certaine, il semblerait naturel d'en essayer l'application sur la vigne !

(Le Réveil Agricole, 30 mai 1915).

DE L'ORGANISATION DEPARTEMENTALE DES TRAVAUX AGRICOLES EN TEMPS DE GUERRE

Lorsque la guerre éclate, toutes les prévisions qu'on a pu faire sur sa durée ne sont que très problématiques. C'est pour cela que l'Etat ne s'en préoccupe pas. Les plans de mobilisation et de ravitaillement sont simplement mais merveilleusement préparés et tenus à jour, afin d'être prêts! L'invasion des hordes barbares ne nous a donc point surpris. Tous les rouages du ravitaillement ont fonctionné à la perfection dès le premier jour, comme ils continuent, du reste, à le faire actuellement.

Cependant, en prévision de conflits armés de longue durée, il eût été rationnel de préparer aussi « *un plan départemental de travaux agricoles* ». Comme pour le ravitaillement, il y aurait eu collaboration de l'autorité militaire et des *professeurs d'agriculture, avec militarisation de ces derniers, tout comme cela existe pour les chemins de fer, les ponts et chaussées, les forêts, les améliorations agricoles,* etc., etc.

A l'heure actuelle, où la main-d'œuvre fait défaut à la terre, ce qui n'a pas été fait avant les hostilités semblerait devoir se faire facilement dès maintenant. Tout le temps nécessaire existe encore pour cette préparation, mais il y aurait lieu cependant de se hâter pour être en état de fonctionner aux époques de fauchaisons, moissons, battages, vendanges et ensemencements d'automne. Cela présente une *importance capitale,* étant donné que la victoire sera d'autant plus facile que nos armées seront mieux alimentées. Seule l'application méthodique *d'un plan départemental de travaux agricoles* peut, dans les circonstances difficiles actuelles, assurer l'exécution pratique *suffisante des* opérations culturales.

Préparation du plan. — Ce travail serait préparé par un groupe d'agronomes présidé par le DIRECTEUR DES SERVICES AGRICOLES MILITARISÉ, assisté d'un représentant de l'Intendance de grade inférieur ou égal. La Commission aurait à élaborer les feuilles de renseignements à donner aux communes, pour connaître leurs disponibilités. La Commission en déduirait leurs besoins en *attelages, machines* et *main-d'œuvre.* Les renseignements suivraient, basés sur le maximum d'utilisation des machines et leur fonctionnement généralisé à tous les sols et toutes les cultures, exceptions faites seulement pour les parcelles escarpées ou dangereuses.

A. — *Surfaces en prairies fauchables* :

— — — à la main.
— — — à la machine.

— terres à céréales fauchables à la main.
— — — à la machine.
— terres à betteraves.
— terres à vignes.

B. — Machines existantes :
    Faucheuses.
    Moissonneuses.
    Moissonneuses lieuses.
    Batteuses.

C. — Main-d'œuvre disponible :
    (En dehors d'une femme et un enfant de plus de 12 ans
    laissés dans chaque exploitation).
    Hommes.
    Femmes.
    Enfants de plus de 13 ans.
    Jeunes filles de plus de 13 ans.

D. — Attelages disponibles :
    Chevaux et juments.
    Mulets et mules.
    Anes et ânesses.
    Bœufs et taureaux.
    Vaches.

E. — Machines à battre :
    Batteuses à bras.
    Trépigneuses.
    Batteuses à moyen travail.
    Batteuses à grand travail.

En possession de tous ces documents, le Comité départemental aurait vite fixé les besoins communaux, en se reportant à « des normes culturales » préalablement fixées. Ces dernières, très élastiques suivant les régions, pourraient être établies pour des surfaces de 20 à 100 hectares. Suivant nos calculs, on aurait besoin pour chaque surface de 20 hectares :

Faucheurs ou moissonneurs............... 3
Faucheuses 1
Moissonneuses ou lieuses............... 1
Trépigneuses .... } 1
Batteuses à bras...................... }
Batteuses à grand travail............... 1 par 300 Ha.
Charrues 3

	Fenaisons.	Moissons.	Battages.	Montagnes à vacheries de 30 laitières	Vendanges	Labours d'automne
Hommes.........	1	1	6	2	3	1
Femmes.........	6	10	6	3		1
Enfants des deux sexes, de plus de 13 ans	10	15	15	6	} 20	3
Charrettes	3	3	2	2	2	
Attelages.........	6	6	2	2	4	6

Les chiffres donnés sont réels et applicables partout avec de légères modifications, selon le milieu ou l'augmentation des surfaces.

La feuille communale mise au point se présenterait de la façon suivante :

COMMUNE DE X.

Fenaison

1.000 hectares de « montagnes à vacheries » possédant 500 vaches de la race de Salers :

	Nombre utile	Disponibles	A fournir
Hommes	10	8	deux
Femmes	60	50	dix
Enfants	100	70	trente
Faucheurs	6	2	quatre
Attelages	60	60	zéro
Charrettes	30	30	zéro

Avec le manque de main-d'œuvre, le département du Cantal va se trouver gêné dans « ses Burons » pour la fabrication de ses fromages « sur les montagnes à vacheries ». Aussi, prenons encore ce cas spécial :

COMMUNE DE X.

1.000 hectares de « montagnes à vacheries » possédant :
500 vaches de la race de Salers.

	Nombre utile	Disponibles	A fournir
Hommes	50	20	trente
Femmes	75	40	trente-cinq
Enfants de plus de 13 ans.	100	25	soixante-quinze
Charrettes	25	25	zéro
Attelages	25	25	zéro

« *Le Buron* » n'est pas autre chose que le chalet des monts du Cantal.

« *La Fourme* », du poids de 25 à 50 kilos, est le fromage fabriqué « au buron ».

« *La Vacherie* » représente l'ensemble des bovins de la race de Salers, qui quitte la ferme de la vallée pour transhumer d'avril à octobre sur les merveilleux monts et pâturages du Cantal.

« *La Montagne à vacherie* » représente une fraction plus ou moins grande des hauts pâturages non fauchables où estivent les vaches de Salers. Les propriétaires qui n'ont pas « leur montagne » propre ont toutes facilités pour en louer.

Sociétés diverses de la main-d'œuvre agricole. — Il existe actuellement en France plusieurs sociétés s'occupant du placement et de la répartition de la main-d'œuvre agricole. La plus ancienne de toutes fut fondée, il y a déjà plusieurs années, par M. F. David, député de la Haute-Savoie, plusieurs fois ministre, et ayant actuellement le portefeuille de l'Agriculture. M. F. David fut donc le président-fondateur « de la Société de protection de la Main-d'œuvre agricole ». Il a fondé depuis et placé sous le contrôle de son Ministère « l'Office national de la Main-d'œuvre agricole », 11, quai Malaquais, à Paris.

En outre, il existe actuellement dans les mairies et préfectures des patronages pour le placement des réfugiés Français ou Belges.

Grâce *au plan départemental de travaux agricoles,* il sera toujours facile au Directeur des Services agricoles de connaître *très rapidement* ce qui est nécessaire à son département. Il ne lui restera alors qu'à faire toutes démarches utiles pour diriger la main-d'œuvre venant des sociétés de placements vers les points où elle trouvera son emploi. Au préalable, il aura fixé toutes questions de salaires, travail, hygiène, nourriture, etc., etc. C'est à ce moment qu'il serait aussi facile d'utiliser la R. A. T. des dépôts.

Instruments de culture. — Les constructeurs Français seront engagés à livrer, soit par leur fabrication ou par l'importation, tout le matériel qui leur serait demandé. L'administration militaire serait autorisée à réquisitionner des machines, le cas échéant, dans les zones précoces ayant terminé leurs travaux.

Attelages. — Il sera indispensable d'effectuer des virements de département à département. Les dépôts des corps d'artillerie cavalerie et trains des équipages, sur autorisation spéciale, fourniraient la partie ou totalité des demandes formulées par la culture.

Direction technique. — Le directeur des services agricoles est tout indiqué pour assurer le service avec les professeurs d'agriculture, des ingénieurs de l'agriculture ou des élèves d'écoles pratiques. Le bureau départemental aurait sous la main plusieurs mécaniciens ainsi que des automobiles, afin d'assurer intégralement le service et parer aux réparations. Enfin, des stocks de ficelle pour lieuses seraient organisés dans les cantons, et des dépôts de chevaux établis dans tous les arrondissements.

Dépenses. — Toutes les dépenses seraient réglées par les communes. Ces dernières en feraient la répartition entre les intéressés au prorata des surfaces travaillées. Les dépenses des professeurs d'agriculture et des directeurs des services agricoles seraient supportées par les communes et les conseils généraux sur états justificatifs.

CONCLUSIONS. — Nous soumettons notre idée aux spécialistes de la question, désireux de faire œuvre pratique et *rapide* de réalisation.

(*Le Progrès Agricole et Viticole,* P mai 1915).
(*Le Petit Méridional*).
(*L'Emulation Agricole*).

LA PRATIQUE AGRICOLE EN TEMPS DE GUERRE

Lorsque la guerre mobilise toutes les forces vives de la culture, on ne saurait songer à exécuter les travaux agricoles d'une façon classique. « La nécessité, qui fait loi », oblige le cultivateur à s'ingénier pour utiliser des moyens de fortune primitifs ou nouveaux, afin d'arriver au but, en dépit des circonstances difficiles qu'il traverse.

Il ne s'agit donc point actuellement de faire de la critique, mais bien de faire œuvre rapide de réalisation, pour assurer les fenaisons, les moissons ainsi que les divers travaux viticoles.

Il importe d'assurer tous ces travaux, afin de donner a la Patrie ce qui lui est nécessaire pour *durer* et aboutir à l'écrasement de l'hydre germanique. Nous avons indiqué à différentes reprises, toutes les heureuses innovations dues à notre éminent Ministre de l'Agriculture, M. Fernand David, afin d'assurer la main-d'œuvre utile à l'exploitation du sol [1].

Il ne s'agit donc plus maintenant que d'exposer les moyens **simples** et **rapides** à utiliser, pour réaliser les travaux agricoles avec le minimum de bras. Cela ne présente, à notre avis, aucune difficulté, grâce à l'organisation d'équipes spécialisées. La spécialisation permet de réaliser la qualité et la rapidité dans l'exécution des travaux.

Fenaison. — Dans l'impossibilité de faire faucher les prairies sur pentes ou lieux escarpés, on les livrera à la pâture. Afin d'éviter le gaspillage, on aura recours au parcage, piquets, de façon à limiter journellement le parcours des animaux. Partout ailleurs, et même sur les pentes moyennes, on se servira de la faucheuse. Nombre sont les régions des Cévennes, Vivarais et du Plateau Central où la faucheuse doit se substituer totalement à la faux. C'est une erreur grossière, une routine trop à la mode, de croire que la faucheuse ne fonctionne qu'en sol horizontal. Sous l'influence de la nécessité, nous avons vu bien des fois fonctionner les faucheuses sur les pentes ou sols accidentés des régions montagneuses et y effectuer un bon travail.

Tous les cultivateurs restaient émerveillés du travail obtenu. Le travail à la faucheuse peut être exécuté par des femmes ou des enfants, constitués en équipes doubles se remplaçant toutes les 2 ou 3 heures. L'équipe au repos s'occupe de l'affutage des lames.

Si on dispose d'enfants, la fenaison sera rapide. Par contre, en leur absence, « les andains » ne seront point touchés. La dessication se fera sur place pour procéder le 2me jour à la confection de petites meules de 70 à 100 kilogr. appelées « Cuches », lesquelles préserveront le foin de la rosée ou de la pluie, tout en permettant l'achèvement d'une bonne préparation. On aura alors avantage de ne point rentrer le foin sec à la grange, mais bien de faire des meules coniques (perches) sur l'emplacement le plus sec et le plus accessible de la prairie. Pour monter la perche on opère de la façon suivante : Prendre une butte de bois de 4 à 8 mètres de longueur et la ficher solidement en terre. Il ne reste plus qu'à accumuler ensuite le foin autour de ladite perche en ayant eu soin, au préalable, de placer sur le sol un bon lit de pierres ou de branchages, pour préserver le foin de l'humidité du sol. Le transport « des cuches » se fait *très rapidement*, en utilisant le système « de l'aiguille à corde ».

Cette dernière est constituée par une petite perche en bois de 3 m. 50, portant d'un côté un crochet d'attelage et une corde de 3 à 4 mètres. L'autre extrémité, très effilée, recevra au moment voulu l'extrémité libre de la corde. Pour opérer, on passe le côté effilé de la perche sous le centre de la cuche (entre le sol et le foin) et on boucle par-dessus avec la corde. Il ne reste plus alors qu'à accrocher les traits et à actionner le cheval vers la perche.

Avec ce système, il est facile, avec 1 homme et 1 cheval, d'amener à pied d'œuvre de 50 à 100 quintaux métriques par jour. Un enfant de 14 ans suffit pour exécuter ce travail. La meule ou perche la plus facile à monter est celle qui affecte la forme d'un tronc de cône. Deux enfants font passer le foin, et un troisième ou une femme placée sur la meule préside à son montage.

(1) *Progrès agricole et viticole*, 1er semestre 1915 Mars, Avril et Mai.

Si une lacune existe dans la confection, il est très facile d'y remédier par « le peignage » à la fourche ou au râteau. La meule terminée, il ne reste plus qu'à enfoncer au sommet 5 à 6 piquets de bois de 0 m. 60 de longueur, afin d'éviter les dégâts de la pluie ou du vent. Les déchets ne dépassent généralement pas 2 à 5 o/o.

Moissons. — Ne pas hésiter à supprimer la faucille et la remplacer par la faux armée du râteau, partout où les céréales occupent les chalets, acols ou gradins des montagnes. Ailleurs, adopter la moissonneuse dans les climats humides, et la lieuse partout où la pourriture n'est point à craindre. La force nécessaire sera de 2 chevaux, relayés toutes les 2 heures ; si les animaux doivent travailler 12 heures, il faudra compter 3 chevaux ou 2 paires de bœufs ou vaches. La conduite des machines peut être faite par des femmes ou des enfants se relayant toutes les 2 heures. Deux enfants pour la conduite des attelages, et 1 enfant ou une femme pour la conduite de la lieuse.

Des enfants répartis tout autour du champ d'action de la lieuse, réuniront les gerbes sur une seule ligne, tous les 5 à 7 mètres. On supprimera la confection des moyettes, si la pourriture n'est point à craindre.

Dans les régions humides, partout où l'herbe souille les céréales, la moissonneuse sera préférée. Là, on javellera ou non, et le chargement sera effectué en vrac sans liage. Dans les deux cas précités, il y aura 4 enfants ou femmes par véhicule. Deux chargeurs faisant passer gerbes ou javelles, et deux autres sur la charrette (avant et arrière et se déplaçant le moins possible pour éviter l'égrainage).

Les cultivateurs rejetteront la confection des meules individuelles près des habitations. On aura tout intérêt à grouper la production de plusieurs quartiers en plein champs afin de gagner du temps dans le transport. Toute la zone méridionale devra effectuer les battages le plus rapidement possible. Si, en temps de paix, rien ne presse pour cette opération, il n'en saurait être de même en temps de guerre. En effet, tout doit tendre à favoriser la soudure, pour éviter la hausse des cours et les difficultés de ravitaillement. Après dessication suffisante, les grains iront tout de suite aux minoteries.

Travaux viticoles. — Si rien de précis n'existe encore au sujet des traitements contre le Mildiou, il n'en reste pas moins acquis que les sulfatages et poudrages combinés sont à préconiser. Mais, dans bien des cas, le personnel fera défaut pour exécuter les sulfatages. Par contre, les femmes et enfants des deux sexes seront utilisés pour exécuter des poudrages à la main. Ces derniers, toujours très abondants, devront, autant que possible, suivre immédiatement les pluies, grandes rosées ou brouillards. Leur action sera augmentée, si la main-d'œuvre enfantine est utilisée pour pratiquer l'effeuillage autour des grappes. Qu'il nous soit permis, à ce sujet, de demander respectueusement à M. le Ministre de l'Instruction publique, de licencier toutes les écoles, afin de disposer de la totalité de la main-d'œuvre enfantine des deux sexes.

Il semblerait, en outre, indispensable de donner des instructions spéciales pour le placement de cette main-d'œuvre. Chaque professeur ou instituteur pourrait, par exemple, signaler ses disponibilités à « l'Office de la Main-d'œuvre, 11, rue Malaquais, Paris ». Toute cette jeunesse rendrait d'immenses services à la terre, tout en s'offrant la joie d'une bonne saison fortifiante à la campagne. Mieux que nulle autre, les régions viticoles peuvent tirer un excellent parti de la main-d'œuvre enfantine.

Nous avons une très grande confiance dans *le rôle mécanique* des poudrages abondants.

Des expériences trop ignorées faites en 1885 et 1886 à l'Ecole d'Agriculture de Montpellier, par notre frère, ex-chef des cultures et actuellement directeur des Services agricoles de la Drôme, ont montré l'efficacité des poudrages. En 1910 (1), nous avons également signalé cette heureuse action sur des Carignans, abondamment poudrés. Il est bien évident, qu'au rôle purement mécanique des poudres, on ne négligera pas le rôle chimique, en les additionnant de sulfate de cuivre ou de verdet. Personnellement, nous avons obtenu d'excellents résultats avec le mélange simple suivant :

Chaux............................	60 kg.
Plâtre............................	20 kg.
Soufre............................	17 kg.
Verdet............................	3 kg.

Si la main-d'œuvre ne fait point totalement défaut ainsi que les attelages, les vignes seront passées aux bisocs. Dans nombre de situations, le sol ne sera pas fouillé. On se bornera à des fauchages périodiques. Nous estimons qu'il faut savoir se limiter, et que, dans les circonstances actuelles, les traitements anticryptogamiques doivent avoir le pas sur le travail du sol.

Prochainement, nous exposerons nos vues sur les vendanges et les semailles d'automne.

(*Le Progrès Agricole et Viticole*, 4 juillet 1915).

LES COOPERATIVES MILITAIRES

Les services immenses rendus par les coopératives de toutes natures ne sont plus à démontrer aujourd'hui. Toutes les collectivités civiles, encouragées et aidées par l'Etat, ont pu réaliser des gains importants, comme aussi de grandes économies dans les domaines de la production, ou de la consommation.

On est très étonné en temps de guerre, à juste raison, de voir que l'armée est restée absolument étrangère au vaste mouvement de coopération si bien étendu actuellement à la France tout entière. Non seulement « nos poilus » auraient pu consommer, en tous temps, des produits de choix et bon marché, mais bien aussi s'instruire sur le fonctionnement pratique de cette merveilleuse œuvre de mutualité et de solidarité.

Nous ne voulons nullement critiquer, ce n'est point le moment! Mais il nous sera bien permis de dire qu'une coopérative de consommation, fonctionnant dans chaque dépôt, aurait rendu d'incalculables services à tous les défenseurs de la Patrie.

Quelques exemples suffiront à bien rendre nos pensées :

1° Alors que le bon vin rouge de 7 à 8 degrés se payait à la propriété de 8 à 10 francs l'hectolitre, les mess et les cantines le revendaient 25 à 30 centimes; et, encore, il ne nous sera pas permis d'insister *sur la qualité*, de peur d'aller trop loin !

2° Les cerises, à 40 francs les 100 kilos, nous étaient passées à un centime la pièce ;

3° Les oranges, qui étaient vendues en Espagne à 5 francs le mille, étaient livrées à 10 centimes la pièce ;

(1) *Progrès agricole et viticole*, 2e semestre 1910.

Etc., etc.

La coopérative militaire aurait modifié cette situation anormale, en supprimant quelques intermédiaires n'ayant qu'un seul but, celui d'exploiter le troupier *sur le prix et la qualité*.

Leur réalisation aurait été d'autant plus simple que les techniciens, agriculteurs ou agronomes compétents, ne manquaient nulle part. Si nous avions été consulté à ce sujet, nous aurions présenté le projet suivant :

1° Un conseil d'administration composé : de 1 officier par unité ; de 1 sous-officier, 1 brigadier et 1 homme par 200 militaires.

Le conseil d'administration aurait nommé son bureau, tenu de ne conclure aucun marché et paiement sans son approbation ;

2° Un bureau avec : 1 officier, 2 sous-officiers, 2 brigadiers, 4 hommes. La mission du bureau étant de se mettre en relation avec les producteurs, pour échantillons, prix et livraisons ; .

3° Tout militaire désireux d'utiliser la coopérative aurait à verser la somme de 1 franc, remboursable à son départ ;

4° Tous les achats et ventes effectués au comptant, avec majoration de 2 o/o (Frais généraux et bonis) ;

5° Personnel de service, locaux nécessaires, ainsi que les attelages pour les transports fournis par les unités ;

6° Les bonis seront versés mensuellement aux différentes œuvres d'hospitalisation militaires ou destinés à fournir un fonds de secours pour les blessés du régiment.

(Le Réveil Agricole, 11 juillet 1915).

LES CULTURES FRUITIÈRES, LES FRUITS ET LA GUERRE

Comme toutes choses, la guerre aura une fin, et l'agriculture entière reprendra son essor normal. Il ne saurait donc y avoir de découragement pour les pionniers hardis qui, ayant changé leur fusil d'épaule, avaient si bien su comprendre les mouvements économiques qui plaçaient les cultures fruitières au tout premier rang des cultures lucratives. Certes, il y aura un moment difficile à passer, par suite du manque de main-d'œuvre et la perte momentanée de nos débouchés étrangers, lesquels, comme on le sait, absorbaient la plus grande partie de notre production. A tous ceux qui avaient placé leur avenir dans les cultures fruitières, généralement hommes de tête et d'initiative, nous donnerons le conseil d'envisager la situation avec sang-froid et, malgré la guerre, d'*harmoniser au mieux* leur production avec le moment économique. La situation, pour précaire qu'elle soit, n'est point désespérée, surtout si on sait allier l'*action* avec l'*initiative*. Cela semble du reste nécessaire pour lutter honorablement, conserver le capital mis en œuvre et préparer les victoires commerciales de l'avenir. Je dis *victoires commerciales*, car, après le triomphe des armées amies et alliées, une ère de grande prospérité est réservée à la vente des fruits, par suite des débouchés immenses et multiples qui seront offerts à tous nos producteurs. Nos vins et nos fruits sont des « poilus » d'une certaine espèce, les premiers du monde, introuvables ailleurs que dans notre belle France.

Soins culturaux. — Le premier devoir de tout producteur de fruits, est de s'assurer par tous les moyens possibles la main-d'œuvre (hommes, femmes ou enfants), pour donner aux plantations tous les soins habituels. Par d'actives démarches, le recrutement ne sera qu'un jeu. On aura recours aux enfants des deux sexes, de 12 à 16 ans, aux ouvrières en chômage, *aux réfugiés*, et, enfin, à «l'*Office National de la Main-d'œuvre agricole*», 11, quai Malaquais, Paris, organisation qui est due à l'initiative de M. F. David, ministre de l'Agriculture. Cette société répondra positivement aux demandes qui lui seront faites. En peu de jours, « le personnel de fortune » sera apte à exécuter tous les travaux. La vie des plantations, leur défense contre les maladies ou insectes, ainsi que le ramassage des fruits, seront ainsi assurés. Il sera facile de réaliser sur place la nourriture de tout le personnel et avoir de quoi payer la main-d'œuvre, en faisant jouer les *cultures associées*. C'est ainsi qu'on fera de la culture intercalaire avec des

      Pommes de terre ;

      Pois et haricots ;

      Carottes et navets ;

      Choux et salades ;

      Oignons, courges et melons .

Tous ces légumes, ainsi placés en sol riche et ameubli, donneront, sans frais, de jolis rendements. Les excédents non consommés trouveront de multiples preneurs sur place ou seront expédiés aux marchés voisins ou à des correspondants. Ajoutons que ces cultures associées ne porteront aucun préjudice à la vie des arbres fruitiers. Les travaux d'entretien seront facilités en adoptant les semis en lignes très espacées. En automne, on opérera une bonne restitution, en confiant au sol une bonne fumure, qui sera complétée par un semis de légumineuse à enfouir au printemps.

Débouchés. — Tous les fruits récoltés peuvent parfaitement s'écouler en France, avec les acheteurs habituels, ou en cherchant de nouveaux débouchés. Il faut savoir apporter des fruits de choix où, jusqu'ici, on n'a vu que de mauvais produits, et livrer de la marchandise à prix normal, partout où la consommation *est très restreinte*, par suite des prix inabordables fixés par les intermédiaires.

Légions sont ensuite les villes de France, où les fruits sont de toute rareté, même aux portes des centres de production, ce qui peut sembler paradoxal ! Quelques exemples vont préciser la question.

A Nimes, Avignon et Valence, les fruits au détail sont rares et hors prix. A Privas, en général, les fruits, toujours en petite quantité, sont de qualité médiocre. A Tournon, centre très important de tous fruits (cerises, pêches, abricots), les consommateurs (en dehors du marché de gros) n'y trouvent que quelques corbeilles à la vente, et toujours à des prix surfaits. Il en est de même à Aurillac pour tous les fruits, même pour ceux produits dans le pays. Le Cantal possède des centres merveilleux pour la production des pommes et des poires dans les cantons de Maurs et Massiac. Alors que la pomme à couteau de premier choix se payait 5 fr. les 100 kilos sur place, elle était revendue, en septembre, par les détaillants d'Aurillac, 0 fr. 70 le kilo. Il semble urgent en temps de guerre :

1º De démocratiser la vente des fruits à toutes nos villes de France ;

2º De lutter contre les intermédiaires qui sont souvent, dans les petites villes, les pires ennemis de la consommation ;

3º Enfin, d'engager tous les producteurs à former des coopératives de vente (gros et détail) pour trouver des débouchés aux fruits et organiser la vente directe aux consommateurs.

Il s'agit donc de favoriser, par tous les moyens possibles, la pénétration des fruits et de les livrer aux consommateurs à des prix normaux. Le producteur doit donc, à l'heure actuelle, s'occuper de la vente de ses fruits ; assuré à l'avance du plein succès, s'il sait mettre sa marchandise à la portée de *toutes les bourses.*

La création des postaux de 5 à 50 kilos aurait du succès, surtout en les faisant connaître par la grande publicité du jour (journaux ou prospectus). Nous pensons, en effet, que des myriades de négociants, rentiers, industriels, ouvriers et fonctionnaires apprécieraient hautement cette méthode de vente directe leur permettant de faire des cures de fruits à très bon compte. L'armée elle-même (sur le front et dans les dépôts) fournirait un débouché de tout premier ordre. Dans les dépôts, on ne peut pas se procurer de fruits, ou bien ceux qui y sont livrés sont tous plus ou moins tarés et vendus à des prix exagérés. Il est bien évident que pour les fruits, vins et autres produits, les *coopératives militaires* rendraient de signalés services à tous nos soldats. Mais il n'est jamais peut-être trop tard pour bien faire !

Séchage. — Dans le cas où les débouchés actuels ou à créer ne suffiraient pas, il y aurait à organiser « le séchage des fruits » au moyen « des évaporateurs ». Il y a là une industrie très florissante dans les régions à prunes (Agen, Basses-Alpes) et à l'étranger, en Australie, Le Cap et Californie. Cette industrie est à développer non seulement en temps de guerre, mais aussi en temps de paix.

Nous recevons, en effet, de l'étranger des milliers de tonnes de fruits secs, qui sont très appréciés chez nous, et qui se vendent toujours à des prix très rémunérateurs.

Nous trouvons dans la *Tribune commerciale* du *Petit Journal*, à la date du 12 mars 1915, les prix suivants:

Pêches sèches de Californie : 250 fr. les 100 kg. ;
Abricots secs de Californie : 120 fr. les 100 kg. ;
Poires sèches de Californie : 250 fr. les 100 kg. ;
    —   —   Choix : 80 fr. à 140 fr. les 100 kg. ;
Pruneaux : 75 fr. à 200 fr. les 100 kg. ;
Figues sèches : 65 fr. à 75 fr. les 100 kg.

Les pruneaux d'Agen, les pistoles des Basses-Alpes, les abricots, pêches et pommes tapées d'Amérique et d'Australie sont connus dans le monde entier. Il serait aisé d'ajouter à cette liste l'industrie de la *cerise sèche.* Tous ces fruits desséchés peuvent être utilisés dans les hôtels, restaurants et ménages sous de multiples formes — peu connues — mais qu'il serait facile de généraliser, avec un peu de bonne volonté. Les pruneaux cuits au vin sucré blanc ou rouge sont excellents, de même que conservés dans des solutions alcooliques sucrées de 18 à 25 degrés. Les pêches, abricots et pommes séchées se préparent avec succès tout comme les pruneaux. On arrive ainsi à obtenir des desserts aussi nombreux que variés, bons à servir aux repas, entre les repas, et qui seront toujours appréciés de tous les gourmands et gourmets.

De même que pour favoriser la consommation des pommes fraîches, les américains ont fondé la ligue des « apples consumers » ; il serait utile d'imiter leur exemple pratique en priant toutes nos dames françaises de servir les préparations à base de fruits desséchés sur toutes les tables à thé, le jour des réceptions. Enfin nous devrions demander à tous nos restaurateurs de les faire figurer en bonne place sur tous leurs menus du jour et de la nuit. Il faut créer la mode, et le reste ira tout seul.

La dessication de tous les fruits ne présente aucune difficulté. Nombre de grandes maisons Françaises livrent en effet « des évaporateurs à fruits » à petit, moyen ou grand travail (1). Les appareils Vermorel, que nous avons fait figurer dans tous les concours des Comices agricoles de l'Ardèche, sont très simples de construction et de fonctionnement. Les fruits, préalablement pelés et sectionnés automatiquement, sont desséchés en 4 à 6 heures. Tous les propriétaires devraient donc prendre leurs dispositions pour avoir « leur évaporateur » en temps voulu. Les fruits desséchés sont conservés en vrac, ou emballés avec du papier dans des caissettes en bois et placés en fruitier sec.

Confitures, marmelades et fruits confits. — Autrefois, les confitures étaient à la mode dans toutes les familles, qui en préparaient pour leur provision de l'année. Cette bonne coutume a presque disparu, au grand désespoir de tous les enfants. La barre de chocolat a détrôné la tartine de confiture ! Il semblerait pratique et rationnel de revenir à l'usage d'antan, en réservant dans l'alimentation une large place aux confitures, régal délicieux et ne présentant aucune difficulté pour leur préparation. Non seulement la provision de tous les ménages devrait être de règle, mais il serait aussi facile d'organiser, grâce « à la coopération », des confitureries industrielles préparant aussi les fruits confits et marmelades.

Enfin, l'usage des fruits cuits et des marmelades serait à généraliser dans tous les milieux.

Conclusions. — Comme nous venons de le voir, si les cultures fruitières peuvent subir, du fait de la guerre, une crise momentanée, il semble facile désormais d'en limiter les effets.

Initiative et effort sont les deux facteurs du succès.

(*Le Progrès Agricole et Viticole*, 25 juillet 1915).

LES VIGNOBLES DE LA MÉDITERRANÉE A L'OCÉAN
LE TRIOMPHE DES VIGNES BLEUES

Le Mildiou vient encore, une fois de plus, de manifester sa puissance néfaste, de la mer Méditerranée aux rives de l'Océan. Il y a bien, là, une grande cause de découragement pour nos savants aussi bien que pour nos vignerons.

Bien rares sont les privilégiés capables de se flatter d'avoir pu empêcher la germination des spores ou conidies, en ayant su prévoir l'époque mathématique de la réceptivité. Aussi, on est obligé de constater que les moyens de défense contre le Mildiou sont encore actuellement absolument insuffisants. Ce n'est point de notre part une critique, mais bien une simple constatation qui montre, encore une fois de plus, que dame nature est toute puissante et qu'elle exige souvent plusieurs lustres d'études et d'observations avant de livrer ses secrets. Toutes les théories sont à étudier, comme les observations à contrôler, si on tient à ré-

(1) De 80 à 1000 fr.

soudre le difficile problème de la lutte contre le péronospora. C'est de l'ensemble de toutes les études théoriques et pratiques qu'il sera possible d'arriver aux déductions positives attendues avec impatience par le monde viticole.

Le développement ultra-rapide du Mildiou, en 1915, a montré, d'une façon catégorique, que notre arsenal de défense est impuissant ; et, il faut bien le reconnaître. En quelques jours, le Mildiou « a fauché » la future récolte. Les dégâts, d'ores et déjà, sont incalculables, et tout ce qu'on a pu dire est certainement bien au-dessous de la vérité.

Nos moyens de défense contre le champignon étant *insuffisants* ou mal *adaptés*, il semble qu'il n'y aurait pas lieu de persister, mais bien de modifier ou chercher quelque chose de nouveau. On sait qu'en agriculture l'obstinaiton est souvent la plus mauvaise des conseillères. Mais pour modifier les rouages de nos méthodes il est nécessaire de posséder des bases nouvelles, étayées sur la science et l'observation. Nous pensons aujourd'hui que ces modifications sont possibles, grâce « *au fait nouveau* » que nous allons signaler, et jamais démenti, après observations, sur un parcours de 1200 km., du Grau-du-Roi à Saint-Nazaire. Du 4 au 23 juillet, nous avons constaté, sur tout le long parcours indiqué, que *les seules vignes en parfait état étaient celles qui présentaient de près ou de loin la coloration franchement vert-bleue, signe indiscutable d'un traitement intégral avec bouillie riche en cuivre et en base.* Mais, malheureusement, bien rares étaient les vignes ainsi traitées, la mode n'étant guère aux bouillies épaisses, qui laissent cependant la *bonne trace,* comme en 1886-1887.

De peur d'être le jouet de nos sens abusés, nous avons pris nos camarades de route comme témoins, et tous furent impressionnés par notre constatation. Notre voyage (question militaire à part), limité à la question viticole, fut absolument merveilleux. Grâce à la sage lenteur des trains, nous avons pu contempler un véritable film cinématographique déroulant à nos yeux ses pellicules, sous forme de myriades de vignes grillées ± effeuillées, jaunes et tachées seulement de loin en loin par *des îlots bleus plus ou moins foncés.* La beauté des vignes ainsi littéralement arrosées de bouillie cuprique était en raison directe des traces laissées par les sulfatages.

Pour bien préciser, nous allons reproduire les notes inscrites sur notre carnet de route :

LOCALITÉS	INTENSITÉ DE SULFATAGE	ÉTAT DES VIGNES
Grau-du-Roi à Nîmes	Vignes bleues (très rares). Vignes claires.	Etat parfait. Grillées.
Tain	Une seule vigne, au bas du Greffieux, très bleue.	La plus belle de l'Hermitage.
Rives Ardéchoises.	Quelques bleues.	Très belles.
Couzou, Mont-d'Or, Chazelle, Créchy	Quelques vignes bleues.	Les plus belles.
Mehun-sur-Yèvre	Pas de vignes bleues.	— Couleur jaune.

Foecy...................	Vigne bleue.	Très belle.
	Vigne non bleue.	Grillée.
Vierzon.................	Une seule bleue.	— Très belle.
	(Tout le reste grillé.)	
Les Forges.............	Demi-bleue.	Demi-belle.
	Tout le reste non bleu.	Vignes lamentables.
La Poissonnière..........	Demi-bleues.	Demi-belles.
	Non bleues.	Tout grillé.
Ingrande................	Trois à quatre vignes bleues.	Très belles.
	Les autres.	Mauvais état.
Le Cellier..............	Plusieurs vignes bleues.	— Très belles.
	Les autres.	Jaunes et grillées.
Maures..................	Plusieurs vignes bleues.	— Très belles.
	Les autres.	Jaunes ± défeuillées.
Sainte-Luce.............	Pays du Noah et Othello.	
	Vignes bleues ou non.	Très belles.
Saumur..................	Quelques vignes bleues.	— Très belles.
	Non bleues.	— Grillées.
Tours...................	Nombreuses vignes bleues.	— Très belles.
	Non bleues.	— Bien moins belles.
Saint-Aignan....	Quelques vignes bleues.	Très belles.
	Non bleues.	Jaunâtres-grillées.
Génolhac................	Plusieurs vignes bleues.	Très belles.
	Non bleues.	Jaunes-grillées.
Nozières................	Une vigne demi-bleue.	Demi-belle.
	Non bleues.	Tout grillé.

Telles sont les constatations que nous avons faites au cours de ce voyage. Nous ajoutons que, du wagon, nous n'avons pu examiner si l'état des grappes était identique à celui des feuilles. Mais il est à présumer que les traitements bleus et complets appliqués sur les grappes auront la même action heureuse.

Il est bien évident que, sur un si long parcours, toutes sortes de bouillies durent être utilisées (bordelaise ou bourguignonne — acides neutres ou basiques), et qu'on pourrait, peut-être dire, sans aller trop loin, qu'elles sont également bonnes si le traitement, tout en étant *intégral* (avec Héron), est effectué avec des bouillies riches en cuivre (avec Ravaz, 3 à 4 %). Le directeur du *Progrès Agricole et Viticole* avait bien raison de dire : « qu'on perd souvent sa récolte par trop grande parcimonie de cuivre ».

Les bouillies faibles qui ne laissent pas de traces tangibles sur les feuilles sont donc totalement à rejeter. Nous pensons que les observations ci-dessus portant sur la plupart des vignobles de France sont à retenir et qu'elles doivent, désormais, guider tous ceux qui désirent récolter. Au début des sulfatages à bouillies épaisses, il faut bien le dire, la lutte semblait relativement facile. En effet, à cette époque, 1887, élève de l'Ecole de Viticulture d'Avignon, nous avions constaté que les vignes sulfatées donnaient des raisins, et que les non sulfatées étaient fatalement vouées à la stérilité. Nous laisserons à M. le professeur docteur Fonzes-Diacon et à notre excellent camarade M. Sicard, chimiste-chef de l'Ecole Nationale de Montpellier, le soin de nous dire ce qu'ils pensent des bouillies légères ou épaisses. Pour l'instant, nous nous bornerons à croire que les bouillies riches et épaisses doivent avoir une double action : l'une chimique, par le cuivre, l'autre physique, par la chaux.

Nous ne donnerons point de conclusions. Ce soin sera dévolu aux nombreux lecteurs du Progrès Agricole et Viticole.

(Le Progrès Agricole et Viticole, 21 août 1915).
(Le Petit Méridional, 9 septembre 1915).

« ENSE ET ARATRO »

Le régime de la nation armée, qui nous a été imposé par les barbares du Nord, fait revivre la vieille devise du général Bugeaud : « Ense et Aratro ». On a pu, en effet, voir ce beau spectacle de nos amis les cultivateurs ayant abandonné, pour quelques jours, fusils, sabres ou canons pour faire fonctionner faux, faucheuses et moissonneuses ! Cette situation a été imposée par les circonstances, et, il faut le clamer bien haut, a permis et permettra aux terriens de rentrer leurs récoltes, comme en temps normal. En effet, grâce à l'entente qui s'est établie entre les ministères de l'Agriculture et de la Guerre, deux sortes de travailleurs furent mis à la disposition des exploitations privées de toute main-d'œuvre :

Militaires : permissions individuelles de 15 jours ; permissions collectives de 15 jours par groupe de 15 à 20 hommes : A) travaillant en groupe; D) répartis individuellement chez les propriétaires.

Le tout sous la surveillance d'un sous-officier ou d'un brigadier.

Prisonniers : groupe de 20 prisonniers, cantonnés et surveillés par des territoriaux.

Les uns et les autres rendent des services, mais il convient de préciser.

Les permissions individuelles de 15 jours ont rendu d'immenses services. Les dépôts auraient pu les prolonger de 20 jours, sans pour cela nuire à la défense nationale.

Pour ce qui concerne les permissions collectives de 15 jours, accordées sur la demande des préfets et maires aux communes, le travail était susceptible d'être organisé de deux façons différentes :

1° Par équipes opérant chez les propriétaires sous la direction d'un sous-officier ;

2° Par placement individuel des poilus chez les cultivateurs, en laissant la direction à ces derniers.

Nous estimons qu'en pays non dévasté la seconde méthode est la meilleure, puisqu'elle donne satisfaction à un plus grand nombre d'intéressés. Le militaire qui rentre dans une famille, remplace l'absent et jouit d'une vie à la fois paisible et confortable. Le travail se fait, comme d'habitude, sous la direction des anciens, des ménagères ou des grands enfants.

Avec la première méthode, on opère rapidement, souvent en l'absence des intéressés. Dans la plupart des cas, le cantonnement et la nourriture sont assurés par la municipalité. Ensuite, il n'est pas toujours facile de trouver des sous-officiers aptes à diriger avec autorité, « en maîtres », leurs équipes de 15 à 20 travailleurs. Enfin, la répartition du travail est très imparfaite. Cette méthode est applicable de rigueur dans la zone des armées, pays envahis et près du front. Par contre, le travail en question doit être de rigueur pour les prisonniers allemands.

Tous les anciens élèves d'Ecoles d'agriculture feraient là d'excellents chefs d'équipes.

Il serait à souhaiter que d'ores et déjà des projets de travaux soient réalisés dans les départements, en vue des labours et semailles d'automne.

(*Réveil Agricole*, 12 septembre 1915).

LES VIGNOBLES DU RHONE A LA MEUSE

Les vendanges sont commencées dans la zone méridionale, et, si la qualité en manquera pas aux produits obtenus, les déceptions, quant aux rendements sont de plus en plus pénibles à constater. L'année 1915 sera calamiteuse pour la viticulture Française. On le sent du reste très bien, par la hausse continue, qui atteint des prix presque fabuleux, même pour les vins de 5 à 6 degrés, qui ne trouvaient preneurs l'hiver dernier. Le Mildiou, malgré toutes les formules savantes préconisées, reste debout, et nous ajouterons même que *ses caprices* sont de nature à laisser rêveurs les plus fins limiers de l'observation. Si le rôle du cuivre n'est plus discutable, quant à son action, *la question de son application semble complètement à reviser.*

La mise au point reste à faire, et, comme nous aurons l'occasion de l'exposer plus tard, il sera de rigueur d'organiser, un peu partout, des champs d'expériences, avec quelques formules, nouvelles ou anciennes, afin de préciser ce qui ne l'a jamais été. La viticulture attend, et il faudra bien tâcher d'arriver à une solution positive dès 1916.

Pour l'instant, on ne saurait songer aux expériences ; mais les observations faites en 1915, sur le vignoble Français, sont toujours intéressantes à signaler, étant donné qu'elles sont de nature à éclairer la voie des savants et des praticiens.

Nous avons montré dans un article précédent l'état lamentable dans lequel se trouvait notre vignoble de la Méditerranée aux rives de l'Océan. Aujourd'hui, nous allons donner nos impressions sur l'état des vignobles du Rhône à la Meuse.

Aussi confortablement installé que possible, dans une voiture portant les inscriptions suivantes :

Hommes : 32   Chevaux : 8

nous avons vu défiler une partie des vignes des Cotes du Rhône, Beaujolais, Bourgogne, Champagne et Meuse.

Rien n'est plus admirable que celui de la contemplation de cette belle terre de France, qui sait conserver son courage et son sourire au milieu de la plus épouvantable des calamités ! Quel beau spectacle que celui de voir toutes les récoltes en meules ou déjà rentrées au fenil ! Mais aussi, combien à plaindre tous ceux qui à la vue confinée se montrent incapables de feuilleter cet admirable livre de la nature, réservant toute leur lourde sagacité à la recherche du nègre blanc !

Nous avons vu :

1° Les vignes du Lyonnais en très mauvais état, grillées, et nombre d'entre elles sans raisin ;

2° Celles du Beaujolais, un peu en meilleur état que les précédentes, mais sans allure de santé ;

3° Dans le Mâconnais, l'amélioration était tangible, et nombreuses étaient les vignes ayant conservé leurs feuilles et une grande partie de leurs raisins ;

4° En Champagne, toutes les vignes ayant reçu soins culturaux et sulfatages étaient très belles ;

5° Vers la Meuse et Meurthe-et-Moselle, il en était de même.

A Lagney, autour du village, « à pied cette fois et non de la portière du wagon », nous avons constaté que les vignes avaient, dans nombre de parcelles, autant de beaux raisins que de feuilles.

Les vignobles de Champagne et de la Meuse ont donc résisté victorieusement au Mildiou, conservant une récolte entière, alors que partout ailleurs, sauf de rares exceptions, tout était réduit au quart ou au tiers de récolte. A ce sujet, il serait intéressant d'avoir des bulletins météorologiques complets de ces différentes régions et de les comparer. Peut-être arriverait-t-on à trouver une partie de l'énigme. *Ce qui est certain*, c'est que les régions dévastées ont reçu beaucoup plus d'eau que celles en bon état.

Dans les bulletins météorologiques, communiqués par *Le Progrès Agricole et Viticole*, nous trouvons :

Pluies

ANNÉES	Régions ± dévastées				Région Nord-Est en bon état	
	LYON		MONTPELLIER		CHALONS-SUR-MARNE	
	P	E	P	E	P	E
1914 ⎰ (1)	183	274	142	151	180	?
1915 ⎱	196	141	333	30	61	90

(1) En ▪/▪. P. E. : Printemps, Été.

Nous avions déjà fait, en 1910, dans *Le Progrès Agricole et Viticole*, cette constatation, sans établir de lignes de démarcations entre le Printemps et l'Eté. Il semble donc que les pluies de printemps et du premier mois d'été sont celles qui semblent favoriser l'évolution du Mildiou.

Toujours, d'une plume légère, nous avons encore constaté, en Beaujolais, Bourgogne, Champagne, Meuse, et Meurthe-et-Moselle, **le triomphe absolu des bouillies épaisses franchement bleues** recouvrant l'intégralité des surfaces foliacées.

Dans la vallée de l'Eyrieux (Ardèche), sur un parcours de 25 kilomètres, les trois plus belles vignes, appartenant à MM. Bousquainand, Bertrand et Giraud, sont franchement bleues, et ont reçu des traitements à bouillies très épaisses. Après avoir ouvert la portière de notre wagon, visité les vignes de l'Eyrieux, nous avons encore constaté que les vignes **bleues** avaient conservé la presque totalité de leur récolte, alors que *les vignes vertes n'avaient plus une seule grappe entière.*

Ces observations, qui nous ont valu et qui nous vaudront encore de nombreuses lettres d'approbation, vont nous permettre de formuler, en son temps, des conclusions pratiques capitales pour la lutte contre le Mildiou.

Pour l'instant, prévoyons seulement l'enterrement définitif des bouillies vertes !

(*Le Progrès Agricole et Viticole*, 3 octobre 1915).

LES SEMAILLES D'AUTOMNE

Le symbolique geste du semeur prend, actuellement, une importance capitale. En temps de guerre, en effet, il faut non seulement alimenter d'une façon régulière et continue « les hommes-héros » qui font face aux barbares, mais bien aussi éviter toute restriction aux populations civiles. En assurant à tous le pain quotidien, on donne aux uns et aux autres les forces physiques et morales qui assurent le succès. Ce succès, qui ne fait aucun doute, doit donner du courage à tous ceux qui, de par leur âge ou leur sexe, sont restés attachés à la glèbe et qui combattent, eux aussi, le bon combat, en assurant le ravitaillement de la nation armée.

Il s'agit actuellement de demander au sol le maximum, tout en orientant le travail vers les cultures, non pas les plus lucratives, mais bien vers celles donnant des productions de première nécessité. Parmi ces dernières, nous placerons au premier rang les cultures de blé, seigle et avoine. Bon nombre de cultivateurs sont peut-être un peu perplexes sur les ensemencements actuels, qui vont obligatoirement se réaliser sur des soles mal préparées en 1914, en mauvais état, auxquelles on va imposer la culture continue des céréales. Aucune hésitation n'est possible, lorsqu'on dispose d'engrais et d'attelages pour donner un bon travail du sol, étant donné que nos expériences personnelles nous ont démontré — quoique cela puisse sembler paradoxal — la possibilité de la culture continue, en bons et mauvais sols. En temps de guerre, elle doit être de rigueur, car il faut du grain et beaucoup de grains pour ravitailler le pays et son admirable cavalerie.

Nous distinguerons donc deux sortes de soles :

1° Celles qui sont propres ;

2° Celles qui sont infestées par les plantes adventives.

Les premières seront travaillées et semées rapidement. Dans bien peu de cas, les fumures précéderont les semailles. Le travail du sol sera réduit, le cas échéant, à sa plus simple expression, en opérant ainsi :

A. — Passage du troupeau.

B. — Travail du sol aux cultivateurs ou aux bisocs, et semis au semoir ou à la volée.

C. — Semailles directes sur sol non labouré et enfouissement aux charrues polysocs.

Les terres infestées de mauvaises semences ou fortement herbeuses, seront, si le temps manque pour leur préparation, réservées pour les blés et avoines de printemps. Livrées au pacage, avec parcage pendant les belles journées d'automne et d'hiver, elles seront à point pour être ensemencées dès le premier printemps. Il est de toute évidence, si cela est possible, qu'un bon travail hivernal du sol à la charrue donnerait de bien meilleurs résultats. Mais, à l'impossible, nul n'est tenu, dit-on, et à la guerre comme à la guerre ; semons tout ce qui peut être ensemencé.

Faute de bras, ou de temps, les fumiers de fermes seront étendus en couverture sur les semis d'automne ou d'hiver.

Pour les cultures de printemps, on aura souvent le temps de faire l'épandange ou, tout au moins, la facilité de transformer les fumiers en bon terreau et de préparer des composts en les enrichissant avec le purin ou les engrais humains. Rappelons, à ce sujet, que des stocks très importants de fumiers existent dans toutes les garnisons, engrais non utilisés dans la majorité des cas, et qu'il serait très facile d'avoir à bas prix.

En sols mal préparés, il sera indispensable d'augmenter d'un quart les quantités de semences d'automne, et d'un tiers pour celles de printemps.

Au réveil de la végétation, toutes les cultures de céréales auront à redouter la concurrence des plantes adventices. Autour du 1er mai, les sarclages seront rendus indispensables. On utilisera la main-d'œuvre féminine et enfantine. L'instruction publique rendrait un grand service à la terre en donnant pleins pouvoirs au corps enseignant d'utiliser, en temps voulu, tous leurs élèves pour effectuer ce travail.

Comme fumure de couverture au printemps, on utilisera avec succès les croûtes de vieilles luzernières, toujours très riches en azote. Un râclage à la pelle, sur une profondeur de deux à quatre centimètres donnera un terreau de tout premier ordre. Une luzernière de un hectare peut facilement contribuer à la fumure de trois à quatre hectares de céréales. Les luzernières soumises à ce traitement en février, seront passées au cultivateur immédiatement après, et aptes à être ainsi exploitées tous les deux ans.

(*Réveil Agricole*, 10 octobre 1915).

LA CULTURE DU SEIGLE

Le pain issu des céréales est plus indispensable en temps de guerre qu'en temps de paix. Il forme, comme on le sait, la base de l'alimentation de nos poilus. Aussi, loin de restreindre la culture des céréales, il est indispensable de la développer, ou, tout au moins, de lui consacrer des surfaces suffisantes pour permettre à la France de se suffire à elle-même.

En temps normal, avec ou sans assolements, il est très facile de faire varier les surfaces et les rendements. En temps de guerre, surtout lorsque les hostilités se prolongent, ce qui est le cas actuel, la culture à outrance des céréales devient de plus en plus difficile, par suite du manque de main-d'œuvre, de l'application de fumures faibles et d'un travail du sol incomplet. La puissance manufacturière du sol s'abaisse avec le développement exagéré des plantes adventices et les rendements deviennent d'une faiblesse extrême.

Les ensemencements de l'automne 1914 laissèrent à désirer ; ceux de 1915 leur seront inférieurs, si rien ne vient éclairer la situation actuelle, en obligeant la culture à modifier ses méthodes habituelles. Nous pensons qu'il est de toute rigueur d'harmoniser les cultures de céréales *avec l'état du sol*, si on tient à conserver à la Patrie une forte production de grains.

Actuellement, il est facile de diviser les sols aptes à la production continue ou non des céréales en deux groupes :

A. Sols encore riches et non envahis par les plantes adventices ;

B. Sols plus ou moins épuisés et infestés par les plantes adventices.

Dans le premier cas, la culture n'a pas à modifier ses habitudes, si ce n'est que *toutes les soles y sont exclusivement réservées au blé*.

Avec le second cas, la situation est plus complexe. Cependant aucune hésitation ne saurait être admise pour leur mise en culture, en seigle.

CULTURE DE SEIGLE. — Pour toutes les semailles d'automne, on donnera alors la préférence au *seigle*, qui, grâce à sa rusticité et sa montée rapide en épis, donnera toute satisfaction, *même dans les plus mauvais sols, aussi bien calcaires que granitiques.*

Il convient surtout, dans les circonstances actuelles, d'opérer très rapidement, pour ensemencer le maximum des surfaces disponibles, tout en réservant cependant les sols les plus pauvres et herbeux pour les cultures de printemps.

TRAVAIL DU SOL. — Il sera de rigueur de modifier les procédés habituels de culture du sol. On adoptera les systèmes suivants, qui nous ont donné en 1914 d'excellents résultats :

1° Livrer les soles au pâturage et au pacage pendant deux à trois jours ;

2° Semer le seigle directement sur le sol nu ;

3° Enfouir avec les charrues polysocs.;

Ou bien :

1° Passer le bétail comme précédemment ;

2° Fouiller au cultivateur à 0 m.. 10 à 0 m. 12 de profondeur ;

3° Semer le seigle au semoir ou à la volée. Dans ce dernier cas, enfouir à la herse.

Si nous estimons que les travaux doivent s'effectuer en vingt jours au maximum, nous aurons besoin, pour 100 hectares, et avec huit heures de travail par jour, de :

A. 5 polysocs ou cultivateurs ;

B. 10 chevaux, ou 10 bœufs, ou encore 10 vaches et 5 chevaux ;

C. 5 hommes et 5 enfants ;

D. 2 semeurs.

SEMENCES. — Les nécessités du temps présent ne laissent point le choix aux terriens restés à la glèbe. Aussi, préconiserons-nous simplement l'utilisation des semences locales préalablement passées au trieur ou au tarare. En temps de guerre, comme en état de paix, les bonnes espèces indigènes sont souvent celles qui donnent le plus de satisfaction, surtout si elles sont bien sélectionnées.

FUMURES. — Les fumures furent distribuées avec parcimonie l'an dernier. Il en sera encore de même cette année. Dans la grande majorité des exploitations, les engrais chimiques ont manqué, et l'absence de main-d'œuvre et d'attelages s'opposèrent à l'application des engrais de ferme. Il convient cependant de ne point négliger les fumures réalisables à la ferme, étant donné que les fumures, même parcimonieuses, n'en sont pas moins très utiles, surtout lorsque le travail du sol est très mal exécuté.

La nécessité des semailles rapides n'ayant pas permis l'exécution habituelle des fumures, voici comment la culture devra procéder :

On s'attachera à transformer le fumier en terreau, par addition de terre, purinage et recoupage. Il sera aussi du plus haut intérêt d'utiliser la mauvaise saison pour préparer des composts avec tous les résidus organiques ou minéraux des exploitations.

Au premier printemps, terreau et compost obtenus seront répandus en couverture sur les céréales.

L'utilisation des croûtes de luzernières, très riches en azote, sera à préconiser.

Un grattage superficiel d'un hectare donnera les éléments de fumure de 3 à 4 hectares de céréales. Les luzernières ainsi exploitées seront immédiatement fouillées au cultivateur, afin d'éviter leur épuisement.

Enfin, il est bien évident que, le cas échéant, les engrais chimiques disponibles seront utilisés largement.

SOINS ANNUELS. — Les sols ainsi préparés auront à redouter l'envahissement des plantes adventices, toujours plus puissantes et rustiques que les cultivées, surtout dans les sols plus ou moins épuisés.

La culture aura recours aux sarclages. Faute de main-d'œuvre, il sera indispensable de demander le concours des enfants des deux sexes de nos différentes écoles. Cette collaboration serait excellente sous tous les rapports.

Enfin, roulages et hersages seront exécutés, si cela est possible.

CONCLUSIONS. — La culture du seigle sera, dira-t-on, un retour en arrière. Peut-être bien. Mais qu'importe la culture, si, en donnant de hauts rendements, elle est capable d'assurer le pain quotidien à la Patrie tout entière.

(La Vie Rurale et Agricole, 20 octobre 1915).

UTILISATION DES FEUILLES ET FEUILLARDS

La situation actuelle doit faire une obligation aux terriens et terriennes restés à la glèbe, de réaliser le maximum d'économies sur les grains et fourrages habituellement consommés à la ferme. Ce principe doit faire loi chez tous les patriotes qui veulent contribuer à assurer le ravitaillement de notre cavalerie, tout en n'oubliant pas leurs intérêts particuliers.

Des masses considérables de fourrages sont indispensables à l'armée pour l'entretien de sa cavalerie, plus puissante et plus nombreuse que jamais. Les rations ne sauraient se faire attendre. L'Intendance doit donc trouver dans le pays, et cela rapidement, toutes les matières alimentaires qu'elle peut demander. L'intérêt du cultivateur, à son tour, lui commande de vendre le maximum de produits, afin de bénéficier des hauts cours qui sont de règle aujourd'hui. Pour arriver à ce résultat, l'exploitant doit s'ingénier à trouver ou augmenter les aliments de deuxième et troisième choix, peu ou pas utilisés en temps normal. Parmi ces derniers, il convient actuellement de mettre en relief le rôle important susceptible d'être joué par les *feuilles* et les *feuillards* de nos essences feuillues, dont la composition chimique nous révèle leur richesse en principes nutritifs. Dans les tables de Kellner, nous trouvons :

	Matière sèche	Protéine	Matière grasse	Extractifs	Cellulose
Feuille d'arbre (août)..........	84	10.5	3	49.3	11.2
— de peuplier (octobre) . .	84	10.8	8.7	39.6	17.1
— de vigne (automne)....	88	11.4	5.7	52 9	8
— d'orme.................	88	15.9	2.9	49.9	8.6
Ramille d'acacia (hiver).......	87.6	9.8	1.7	41.0	31 5
— de hêtre..............	84.7	4	1.6	38	38.5
— de peuplier (juillet)....	86.4	6.7	2.9	39.1	34.7
Bon foin de pré...........	**85.7**	**9.7**	**2.5**	**41.4**	**26.3**

Il résulte donc amplement de ce tableau, que feuilles et feuillards sont généralement — même en arrière-saison — plus riches que le bon foin de prairie. Contrairement à ce qu'ont écrit certains auteurs, qui montraient ces aliments comme étant peu appréciés du bétail, nous avons, au contraire, *la certitude* qu'on devrait, en tous temps, leur accorder une place importante à la ferme. En matière d'alimentation, il est bon de se défier des théories généralement mal vérifiées, que la pratique journalière a vite fait de démolir ! Souvent aussi, on trouve de bonnes routines qui se sont perpétuées de siècle en siècle, justement à cause de leur valeur pratique, et ayant ainsi reçu la plus belle des épreuves, celle du temps. Qui ne connaît, en effet, les bonnes pratiques du ramassage des feuilles de vignes et de mûriers dans le Lyonnais et la vallée du Rhône, des feuilles et feuillards de châtaigniers, peupliers, chênes et saules de l'Ardèche, Dauphiné, etc., etc. ?

Les feuilles sont rentrées et séchées dans des greniers bien aérés. Les feuillards, fagotés, sont mis en tas sur les lieux de coupes et véhiculés vers les exploitations dès l'apparition des froids. Les cultivateurs de l'Ardèche et de la Drôme utilisent admirablement bien ces aliments pour l'alimentation hivernale des chèvres, moutons, chevaux et des ruminants. Les feuillards de saules, de par leur amertume, sont des toniques puissants pour le bétail, qui a toujours une tendance plus ou moins grande à s'anémier pendant la période de stabulation.

On arrive ainsi, en accumulant d'abondantes réserves, à constituer exclusivement les *rations d'entretien* avec les feuilles et feuillards complétés par de la bonne paille sèche et blanche, et un peu de regain. De préférence, on réservera les feuilles aux jeunes animaux, vaches laitières, et les feuillards aux ruminants adultes. Il ne s'agit pas, en temps de guerre, de vouloir poursuivre les spéculations habituelles, ce qui serait blâmable au point de vue patriotique, mais bien de conserver le maximum de bétail tout en réservant intégralement les stocks fourragers pour les besoins du ravitaillement.

En l'absence de la main-d'œuvre habituelle, il ne faut point hésiter à avoir recours aux enfants des deux sexes de nos écoles pour le ramassage des feuilles, feuillards et confection des fagots. Les jeunes gens de 14 à 16 ans seront spécialisés à la coupe des feuillards.

Il ne saurait être question, cette année, pour cause de Mildiou, des feuillards de vignes. Mais nous pensons que, dans l'avenir, cette source alimentaire, inutilisée jusqu'ici dans la région méridionale, saura s'imposer et prendre la place à laquelle elle a droit. Les vignes du Lyonnais ou de la vallée du Rhône, effeuillées lorsque l'aoûtement est normal, n'ont jamais donné signes d'épuisement.

Utilisés, les feuillards de vignes permettront à nombre d'exploitants d'élargir la marge de leurs bénéfices, en diminuant, grâce à cette utilisation, la valeur des sommes consacrées aux achats de fourrage et avoine. En agriculture, les petits profits ne doivent jamais être négligés.

L'exploitation du sol n'est pas autre chose qu'un problème difficile à résoudre, et que légions d'exploitants feignent, systématiquement, d'ignorer. Observations et économies sont cependant, en agriculture, les principaux facteurs du succès. A l'œuvre donc pour ramasser et couper feuilles et feuillards.

(*Le Progrès Agricole et Viticole*, 3 octobre 1915).

LES COOPERATIVES ET LA VIE CHERE

La grande presse quotidienne, par la plume de ses éminents rédacteurs, signale l'augmentation de prix de tous les aliments de première nécessité. Il en résulte une certaine gêne au sein des familles urbaines, gêne qui est désignée sous le qualificatif de « crise de la vie chère ». Tout cela est parfaitement exact. Nous irons même plus loin, en disant que certains produits atteignent même des prix inabordables. Mais, empressons-nous d'ajouter, ce qui est tout à la gloire du cultivateur, qu'il est absolument étranger à cette élévation des cours, et que les intermédiaires sont les vrais coupables, profitant de la situation pour réaliser des bénéfices absolument scandaleux. Dans nos exploitations privées de leurs dirigeants qui sont au front, les produits subissent bien, quant à la vente, l'inexorable loi « de l'offre et de la demande », mais non dans son intégralité, car tous les travaux divers retombent sur les vieillards ou les fermières, qui ont hâte de vendre. L'acheteur dicte alors ses conditions.

Prenons, par exemple, la mercuriale de Châteaurenard du 5 octobre, et examinons les prix de revente de Nîmes. Nous avons :

	Châteaurenard	Nîmes
	les 100 k.	les 100 k.
Raisins gros verts............Fr.	50 à 70	90 à 120
Raisins noirs.....................	40 à 60	80 à 100
Pêches alberges choix............	80 à 90	200
Poires............................	45 à 50	80 à 120
Pommes.........................	20 à 25	60 à 100
Melons (la douzaine).............	4 à 7	12 à 15

Si nous examinons les prix des beurres et fromages, nous trouvons encore des écarts considérables :

	Pays de production	Nîmes
	100 k.	100 k.
Fromage du Cantal..................Fr.	180	250
— de Gruyère	280	350
— de Roquefort..................	280	350
Œufs de l'Ardèche (douz.)	1 40 à 1 60	3

Il est bien de toute évidence que les majorations sont très sensibles, et qu'il en résulte une douloureuse répercussion sur tous les budgets. Le consommateur a donc le droit de défendre sa bourse, surtout à une époque où les revenus sont diminués dans de notables proportions. Les consommateurs sont actuellement les artisans de leurs propres misères, en n'organisant pas de coopératives, afin de supprimer foule d'intermédiaires qui vivent à leurs dépens. Grâce aux coopératives, on verrait immédiatement se produire une baisse de 25 à 30 o/o sur tous les produits livrés.

L'organisation des coopératives ne présente aucune difficulté, si on sait faire jouer à propos les Services agricoles départementaux. Ces derniers, en effet, peuvent fournir toutes indications utiles pour leur fondation, fonctionnement et orientation vers les centres de production.

Cette façon de tourner la crise est de beaucoup supérieure à la réglementation officielle des prix des marchandises, qui laisse toujours trop de place à l'arbitraire.

Pareille réglementation est, en effet, impossible à réaliser, par suite de la diversité des qualités et des produits présentés à la vente.

(*Le Réveil Agricole*, 3 octobre 1915).

LE MILDIOU DE LA GRAPPE

Nous avons montré, à la suite de nos voyages à travers les vignobles de France, qu'il ne saurait y avoir de doutes sur l'efficacité des sels de cuivre. En effet, partout où les bouillies riches en chaux et cuivre furent appliquées, les vignerons eurent la grande joie de sauver tout ou partie de leurs récoltes. Notre conviction, depuis, s'est encore affermie à la suite de nombreuses lettres que nous ont adressées des collègues et des viticulteurs. Nous avons été heureux d'apprendre que *les vignes bleues* avaient marqué leurs traces indélébiles, un peu partout, en éclairant ainsi cette fameuse question des bouillies de toute nature, multipliées à l'infini, ces dernières années, pour le grand malheur de nos vignerons. On marchait à l'aveuglette, et si les créateurs de ces panacées à base de cuivre étaient tous pavés de bonnes intentions, il faut bien reconnaître que, jusqu'à présent, ils n'ont fait que compliquer la tâche des viticulteurs, en semant le doute, sur une question de la plus haute importance.

Actuellement encore, le doute subsiste dans les esprits, attendu que de nombreux praticiens nient l'action du cuivre, et demandent autre chose pour terrasser le Mildiou. Enfin, parmi les fidèles du cuivre, nous en avons trouvé qui ne s'expliquent pas, dans certains cas, l'absence de grappes dans des vignobles ayant conservé l'intégralité de leurs feuilles. Cela nous amène à parler de l'action *des bouillies bleues* sur les grappes. On ne saurait, en effet, essayer de prolonger la lutte, si les sels de cuivre restaient impuissants vis-à-vis des attaques du Mildiou sur les rafles et grains. Nous n'en sommes pas encore à la vigne-fourrage, idée préconisée jadis par M. G. Coutagne, mais bien à la vigne productrice de raisins. Les bouillies idéales seront celles qui préserveront d'abord les rafles, tout en assurant la conservation des feuilles productrices de sucre. Il sera donc indispensable, dès 1916, de songer tout d'abord à donner aux grappes toute résistance contre la maladie.

Si donc les bouillies bleues ont une action incontestable sur les feuilles, peut-on en dire autant de leur rôle vis-à-vis des grappes ? Nous répondrons par l'affirmative, étant donné que rien ne saurait modifier l'action des bouillies cupriques sur des parties herbacées non encore lignifiées, et à la condition que tous les organes à défendre soient intégralement mouillés par les liquides anticryptogamiques. Notre thèse théorique est aussi exacte en pratique, car elle a été confirmée d'une façon fortuite à nos yeux, par l'examen *de superbes grappes* de Dattier de Beyrouth, Gros vert, Olivette et Servant, dont la beauté contrastait étrangement avec les grappes anémiques de chasselas ou raisins de cuve qui voisinaient avec elles, à l'étal des halles de Nîmes. Un examen sommaire nous a permis de constater que nos beaux raisins avaient trouvé « leur élixir de longue vie » tout simplement dans les « sulfatages bains bleus », donnés grâce à la prévoyance de propriétaires avisés. Après examen à la loupe, aucun doute n'était plus possible, attendu que rafles et pédicelles étaient encore ceinturés par la bonne bouillie. Nos remarques étaient à signaler, car, cette année, il y a eu grande disette de raisins de luxe, partout où, les années précédentes, il y avait pléthore. Aussi, les prix aux halles étaient passés de 0 fr. 80 (1913) à 1 fr. 60 le kilo.

Le sulfatage des grappes va certainement compliquer la question de la lutte contre le Mildiou, du moins dans les années pluvieuses. Il faudra cependant y songer. Cela nous amène à dire que la question des bouillies, véritable macédoine, a beaucoup trop absorbé le monde viticole, alors qu'on délaissait totalement l'étude des méthodes de conduite de la vigne propres à favoriser l'action des bonnes bouillies, et à résoudre la pratique du sulfatage des grappes.

C'est ce que nous examinerons prochainement.

(Le Réveil Agricole, 14 octobre 1915).

LA TAILLE DE LA SYRAH

La crise de la main-d'œuvre est normale, tous les travailleurs valides étant aux armes. Les cultivateurs doivent donc essayer de simplifier une partie de leurs travaux, tout en cherchant à ne porter aucune atteinte aux rendements habituels.

Si tous les vignerons sont éprouvés, ceux des Côtes du Rhône le sont d'un façon intense, obligés qu'ils sont de tout exécuter à bras. Il convient donc, là, plus que partout ailleurs, de réaliser toutes modifications utiles, afin de diminuer les charges qui pèsent sur cette culture. La Syrah est un cépage qui produit les grands vins fins de Côte-Rôtie, Hermitage, Crozes, Cornas et partie de ceux de Châteauneuf-du-Pape.

Ce cépage est taillé depuis un temps immémorial à taille longue *sur le principe* de ce que nous connaissons sous le nom « de taille Guyot ». Le long bois, au lieu d'être courbé horizontalement sur un fil de fer, est tout simplement légèrement recourbé et ensuite attaché à un échalas. Cette opération d'attachage, qui se renouvelle tous les ans, demande beaucoup de temps d'une part, et une dépense assez élevée d'autre part. Pendant notre long séjour dans les Côtes du Rhône, nous avons souvent demandé à nos amis les vignerons, si cette taille répondait bien à un besoin, ou si elle était simplement un legs du passé ? On nous a presque toujours répondu que la Syrah n'était productive que soumise à la taille longue.

Dès 1898, nous avons cependant constaté, *de visu*, que la taille à coursons donnait d'excellents résultats chez quelques vignerons de l'Hermitage. Ensuite, nous avons eu l'occasion de voir cette pratique adoptée avec succès par d'autres vignerons des Côtes du Rhône. La modification de la taille semblait donc possible. Il convenait cependant de lui donner une sanction à la fois scientifique et officielle, en organisant des expériences à ce sujet.

Cela nous fut facile, grâce à notre champ d'expérience de Tournon-sur-Rhône, où nous cultivions la Syrah sur 14 porte-greffes différents. Nos expériences, commencées au printemps 1910, se poursuivirent jusqu'au printemps 1914, soit pendant cinq années consécutives. Le plan adopté fut le suivant :

A. Taille longue : 1 courson à 2 yeux ; un long bois à 7 yeux ;

B. Taille à coursons : 4 coursons à 2 yeux ;

C. Taille à coursons : 3 coursons à 3 yeux ;

D. Taille à coursons : 2 coursons à 4 yeux.

De l'ensemble de nos notes annuelles, il nous est permis de formuler les conclusions suivantes :

SÉRIE	FRUCTIFICATION	NOTE
A	Régulière chez les vignes en bon état.....	4
B	Très irrégulière. Presque nulle..	1
C	Très régulière........................ ..	4,5
D	Très régulière........	4,5

La taille longue utilisée pour la Syrah avait donc sa raison d'être, et sa supériorité bien marquée sur la taille à coursons à 2 yeux, utilisée pour le Gamay. Mais nos expériences donnent la supériorité aux tailles demi-longues, puisqu'elles sont très fructifères, tout en permettant la suppression de l'attachage. Le viticulteur réalisera, de ce fait, une économie de 20 à 25 francs par hectare.

(*Le Progrès Agricole et Vinicole*, 23 janvier 1916.)

CONSERVATION HIVERNALE DES POMMES DE TERRE

Au point de vue économique, on sait que lorsque les pommes de terre dépassent le prix de 5 fr. les 100 kil., le cultivateur n'a plus aucun intérêt à les utiliser pour l'alimentation animale. Toutes les disponibilités doivent être réservées pour consommation humaine. En temps de guerre, ce prin-

cipe doit se transformer en une règle inviolable, surtout lorsque les par-
mentières dépassent en moyenne le prix de 150 francs la tonne, sur wagon. Producteurs et consommateurs doivent alors veiller d'une façon spéciale à la conservation de ces précieux tubercules, qui forment presque
toujours la base de l'alimentation des populations militaires et civiles.
Cette conservation, en temps normal, laisse énormément à désirer, et ce
n'est point exagérer que de dire que les pertes en cave peuvent atteindre
de 10 à 50 % de la production totale. Cela est surtout vrai dans toutes les
régions montagneuses où la culture des tubercules occupe le tiers des
surfaces cultivées, et qui constituent actuellement, — c'est là le danger,
— pour nos armées un des meilleurs centres de ravitaillement. Malheureusement, là, comme dans toute la zone des départements qui forment
le plateau central, les locaux utilisés pour la conservation hivernale sont
toujours trop humides et étroits, ces deux facteurs qui favorisent énormément la pourriture. Il en est de même pour la conservation dans les
silos à l'extérieur. Aussi, nous pensons qu'il serait de toute utilité de généraliser une méthode de conservation à la fois simple et peu coûteuse.
On éviterait ainsi les pertes d'argent, tout en ayant la satisfaction de réserver le maximum des produits récoltés à l'alimentation nationale. Par
la conservation intégrale des stocks, c'est aussi un moyen très efficace
d'enrayer la hausse, toujours plus sensible au printemps qu'en automne.

En 1896, dans l'exploitation agricole de Gourdan (Ardèche), nous avons
appliqué le chaulage sur environ 50.000 kilogr. de tubercules qui présentaient une pourriture intense au ramassage et après quelques jours de
conservation en cave. Pour éviter la perte totale de la récolte, nous avons
immédiatement fait procéder à un triage, afin d'éliminer tous les tubercules tarés. Le sol de la cave fut chaulé fortement (chaux en poudre),
ainsi que tous les produits provenant du triage. Les résultats obtenus
furent absolument merveilleux. Nous estimons que, d'octobre à fin mars,
les déchets ne dépassèrent pas plus de 5 %, alors qu'ils atteignaient plus
de 20 % sur un lot témoin trié, mais non chaulé. Depuis, cette pratique
s'est généralisée dans beaucoup d'exploitations. Pour notre part, nous
chaulons régulièrement nos récoltes de tubercules. Le président du Comité de Ravitaillement de St-Sauveur-de-Montagut, M. Bourrette, qui
pratique cette opération depuis douze années, n'a jamais eu d'insuccès.
Aussi est-il un propagateur zélé de cette méthode, qui est à la portée de
tous les cultivateurs aussi bien que des consommateurs et négociants.
Ajoutons enfin que le chaulage ne nuit en rien à la qualité ou à la faculté
germinative des tubercules traités.

La chaux, par sa causticité bien connue, détruit spores et bactéries,
toujours nombreuses, qui souillent le sol des caves et les tubercules. Cette
action microbicide est d'autant plus énergique que les poudrages sont
effectués abondamment. On peut s'offrir ce luxe à bon compte, attendu
qu'un sac de chaux de 50 kilogr., ayant une valeur de 1 fr. 50, est largement suffisant pour traiter 5 tonnes de pommes de terre.

Dans l'intérêt des producteurs comme des consommateurs, il serait
donc à souhaiter que le chaulage des tubercules soit généralisé à toutes
les exploitations.

(*Progrès Agricole*, novembre 1915).
(*Agriculteur Cévenol*).

TRAITEMENT HIVERNAL DES PÊCHERS

La culture des pêchers, seule, ou en association, fait l'admiration de tous les spécialistes qui se donnent la peine de visiter les Côtes du Rhône, de l'Eyrieux et vallées adjacentes. Sans exagération, on peut le dire, les cultures arbustives bien conduites, associées à la vigne, ou aux cultures horticoles, ont fait la fortune de tous les exploitants de Lyon à Tarascon. La mode a jeté son dévolu sur la pêche, très recherchée des gourmets français et étrangers, ce qui lui a permis d'atteindre, sur les marchés de Paris et de Londres, le prix formidable de 575 francs les 100 kilos, par livraison de caissettes de 6 à 8 fruits.

Cela nous a été narré, bordereaux à l'appui, par notre ami, M. Silas Faugier, de Saint-Laurent-du-Pape, qui est un peu pour la pêche ce que Parmentier a été à la pomme de terre. Ajoutons que, des vallées du Rhône ou voisines, celle de l'Eyrieux en particulier donne, à notre avis, les pêches les plus belles et les plus savoureuses de France. Aussi font-elles prime sur tous les marchés. La culture de la pêche, à Saint-Laurent-du-Pape, associée à celle de la vigne, donne en année moyenne un produit brut, moyen de 2 à 4.000 francs. Souvent, ces chiffres sont de beaucoup dépassés. Aussi, on conçoit, que nombre de cultivateurs se soient spécialisés dans cette culture de luxe, qui permet l'utilisation de la main-d'œuvre enfantine et féminine.

Malheureusement, le pêcher a besoin d'être défendu, car il est atteint d'une foule de maladies cryptogamiques qui viennent ajouter leur action nocive à celle, si redoutable, des accidents dus aux intempéries de printemps. Sans ces aléas, les producteurs de pêches seraient tous riches en moins de dix ans.

Pour lutter contre les cryptogames du genre « Coryneum Beijerinckii », les sulfatages à la bouillie bordelaise *sont indispensables*.

Pendant longtemps, les sulfatages furent réservés aux vignes. Actuellement, ils sont appliqués à toutes les cultures, et cela avec le plus grand succès. A Saint-Laurent-du-Pape, les bouillies utilisées ne sont pas à formule unique, ce qui est à regretter. Mais, pendant l'arrêt de la végétation de novembre à janvier, on obtient d'excellents résultats avec les formules suivantes :

Sulfate de cuivre.........	2 k. 500 à 5 k.
Eau.................	100 litres

Ou bien encore par la suivante :

Sulfate de cuivre.........	1 kg 500
Sulfate de fer.............	2 kg.
Eau..	100 litres

cette dernière donne entière satisfaction à M. le maire de Saint-Laurent-du-Pape.

Les bouillies acides, essayées de concert avec la bouillie soufrée, pendant l'arrêt de végétation, nous ont aussi permis de lutter avec plein succès contre toutes les maladies cryptogamiques des Amygdalées. Par contre, dans notre ancien champ d'expériences de Tournon-sur-Rhône, les badigeonnages des plaies de taille au moyen de la bouillie acide à 2,5 et 5 0,0, ne nous ont donné que des résultats désastreux. Nous avons provoqué *une gommose très abondante*, sur toutes les branches sectionnées, laquelle a entraîné la mort de toutes les coursonnes ainsi traitées.

Nous pensons que les sulfatages acides, pendant la période hivernale, doivent s'effectuer avant toute taille. Les bouillies seront basiques ou neutres, si elles doivent suivre immédiatement la taille. Ajoutons enfin, que nous préférons la taille de fin février à celle de décembre ou janvier.

Avec les tailles tardives la cicatrisation des plaies s'opère très rapidement, surtout, si on a le soin de ne se servir que de sécateurs stérilisés au sulfate de cuivre à 7 0/0 ou à l'eau bouillante.

(Le Réveil Agricole, 23 janvier 1916).

LA TAILLE DE LA VIGNE EN TEMPS DE GUERRE

La région méridionale pratique depuis un temps immémorial la taille à coursons sur les bases indiquées par les agronomes anciens.

Ce travail est réservé à des spécialistes, formant une véritable corporation viticole, avec laquelle les propriétaires ont à compter. La culture est donc tributaire des tailleurs de vignes, lesquels, par suite de la guerre, manquent totalement dans nos campagnes. On essaie, pour remédier à cette fâcheuse situation, d'accorder des permissions viticoles de quinze jours et d'organiser des équipes ambulantes. Cette main-d'œuvre rendra certainement les services qu'on attend d'elle, quelle que soit la valeur des ouvriers utilisés, comme nous le verrons un peu plus loin. On avait bien parlé d'organiser dans les communes des « Écoles de taille », à l'usage de la main-d'œuvre féminine et enfantine. A l'exemple des anciennes « Écoles de greffage », elles auraient, certes, rendu de grands services, en vulgarisant un travail relativement simple. Mais, hélas ! on avait oublié de compter avec cette farouche inertie, qui ne perd jamais ses droits, même en temps de guerre. Puisque rien n'a été tenté, dans cet ordre d'idée, il faut aviser ailleurs.

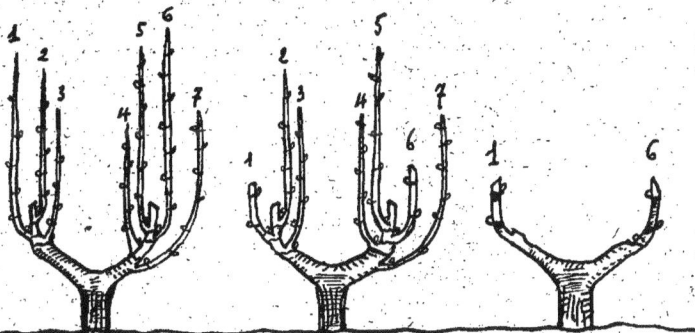

A Vigne non taillée.

B La même, taillée à deux coursons, après le passage du spécialiste.

C La même, après le travail des manœuvres coupeurs. Ces derniers ont respecté les sarments 1 et 6. Par contre, ils ont coupé les sarments 2 et 5, les bourrillons 3, 4, et, enfin, le gourmand 7.

Actuellement, la main-d'œuvre féminine et enfantine n'est point utilisée pour la taille de la vigne, et la main-d'œuvre militaire n'arrive que lentement à la terre. La taille, on ne saurait l'oublier, doit être terminée fin mars. Il semble donc prudent de ne pas s'endormir, et tout au moins d'utiliser de la façon la plus judicieuse la petite main-d'œuvre disponible. Pour cela, nous ne voyons qu'un seul remède : « *la division du travail dans l'exécution de la taille* ».

Depuis longtemps déjà, les agronomes américains tirent un excellent parti de cette méthode.

Grâce à la division du travail, on peut :

1° Obtenir la vitesse dans le travail ;

2° Une exécution parfaite ;

3° Le rendement maximum ;

4° Elever les salaires.

Appliquer la division du travail dans la taille de la vigne sera une innovation, bien vite généralisée lorsqu'on aura pu en apprécier toute l'économie et la haute importance.

La pratique de la taille de la vigne peut se diviser en deux parties bien distinctes :

1° Le *travail d'art*, consistant à bien équilibrer la taille et la production ;

2° Le travail grossier, forestier dirons-nous, consistant à supprimer tout le bois inutile.

Pour la première opération, les spécialistes restant à la terre et les permissionnaires suffiront largement. Leur rôle, très simple, consistera à tailler à longueur normale les coursons ou longs bois destinés à assurer la production. Si nous avons un Aramon vigoureux, devant porter 5 coursons, le travail sera effectué rapidement par 5 coups de sécateur, nécessitant 8 à 10 secondes seulement.

La deuxième opération, qui ne demande que du travail manuel, respectera les sarments taillés (à coursons ou espoudassés) et supprimera tout le reste. On conçoit que, pour cette opération, il sera facile facile de tout utiliser : femmes, jeunes filles, enfants, ouvriers sans spécialités et prisonniers. Une simple instruction de demi-heure sera suffisante pour former les équipes de la deuxième catégorie. Désormais, ainsi comprise, la taille de la vigne sera exécutée rapidement avec un nombre très restreint de spécialistes.

C'est ainsi qu'une commune ayant 1.000 hectares de vignes pourra effectuer le travail de taille en 60 jours, en s'organisant de la façon suivante :

	Minimum		Maximum (1)
Spécialistes pour la première opération...	23	à	46
Manœuvres coupeurs............	92	à	184
Badigeonneurs sulfateurs (chlorose)......	8	à	16

La répartition du travail se fera par équipes de 3 spécialistes et de 12 manœuvres coupeurs. Ces derniers groupés par deux aux extrémités des lignes (ayant reçu le travail des spécialistes), à droite et à gauche des rangées et marchant à la rencontre les uns des autres.

Pour travailler sans arrêt, il suffira d'avoir toujours à l'avance quelques lignes ayant reçu la première opération. Si les vignes sont sujettes à la chlorose, les équipes de « manœuvres coupeurs » seront suivies non par

(1) Le nombre peut varier du simple au double, suivant la faculté de travail des ouvriers.

des bàdigeonneurs, mais simplement par un ouvrier quelconque armé d'un pulvérisateur à jet discontinu.

De ce qui précède, il résulte amplement que la méthode préconisée ne présente aucune difficulté. Elle est donc susceptible de rendre, à l'heure actuelle, les plus grands services.

(*Le Progrès Agricole et Viticole*, 20 février 1916).

LES GLÈBES INCULTES

Après dix-neuf mois de guerre, la terre, malgré l'absence de ses travailleurs, n'a rien perdu de sa fertilité. Cette situation exceptionnelle est due aux trésors de dévouement, d'abnégation et d'énergie développés par nos vaillantes et stoïques fermières de France, secondées aussi, il faut le dire, par les anciens, les enfants et la main-d'œuvre militaire. Aux uns et aux autres, il convient de rendre l'hommage le plus éclatant de notre reconnaissance.

Aujourd'hui, la situation devient particulièrement difficile et la terre réclame une aide efficace. En effet, tous les jours on signale des exploitations qui ferment leurs portes et nombre de fermiers et métayers qui désertent les campagnes, tentés par les salaires factices des villes. Pour remédier à cette fâcheuse situation, l'improvisation n'est point de saison, étant donné que les problèmes agronomiques de guerre, très ardus, demandent des spécialistes pour arriver à leur solution. L'agriculture de guerre, par suite du manque d'attelages et de main-d'œuvre, exige d'importantes modifications culturales, capables de répondre aux nécessités économiques du moment. Aussi, pour faciliter l'exploitation des glèbes incultes, il conviendrait, en attendant la main-d'œuvre militaire, *qui ne fera point défaut*, de jeter les grandes bases techniques de leur exploitation. Il est nécessaire d'orienter la culture par régions, comme aussi d'essayer de demander à la main-d'œuvre son maximum de rendement.

Les produits de première nécessité, tels que *céréales*, *tubercules* et graines de légumineuses, doivent primer tous les autres.

Pour la main-d'œuvre, on n'obtiendra le maximum que par *la spécialisation dans le travail*. Les Américains nous ont devancés depuis longtemps dans cette voie, ce qui leur a permis de démontrer *que la main-d'œuvre n'est jamais chère, lorsqu'elle est productive*.

En partant des principes énoncés ci-dessus, nous arrivons à résumer les conditions suivantes :

A. — 1° Céréales, pommes de terre, légumineuses, qui forment les bases de l'alimentation, occuperont les plaines, plateaux et vallées. Partout, en effet, dans ces milieux fonctionneront les instruments attelés ou de motoculture ;

2° Les sols incultes des régions montagneuses ou accidentées seront transformés en prairies temporaires et artificielles fauchables ou non ;

B. — 3° Le dénombrement des fermes et surfaces abandonnées sera mensuellement transmis à l'administration, par les soins des mairies;

4° La direction des Services agricoles aura alors à fixer à l'autorité militaire les besoins en main-d'œuvre, attelages et machines ;

C. — 5° La culture sera faite par des équipes militaires, ou de prisonniers. Il sera facile de constituer *des équipes mixtes* (militaires et prisonniers). Avec ces dernières, on aura la possibilité de supprimer les surveillants G. V. C. La surveillance étant assurée par les travailleurs militaires armés du revolver, il y a là une simplification importante, qui n'échappera point à tous ceux qui se sont occupés de la main-d'œuvre des prisonniers ;

6° Les travailleurs des équipes seront *tous* spécialisés. C'est ainsi que nous aurons pour les céréales :

Des conducteurs ;

Des laboureurs ;

Des semeurs ;

Des rouleurs ;

Des herseurs, etc., etc.

Cette spécialisation donnera le rendement le plus élevé, tout en permettant l'utilisation complète de tous les militaires.

(*L'Emulation Agricole*, mars 1916).

LA DEFENSE DU VIN

Depuis la dernière récolte, la presse vinicole semble en pleine léthargie ! On se borne tout simplement à dire que les vins sont très rares, et que la hausse poursuit son cours normal. Cela nous semble absolument insuffisant, au moment où tous nos vaillants poilus, ayant rejeté les hypocondres apéritifs, cherchent avec raison du « bon pinard », pour conserver leur bonne humeur et l'énergétique utiles pour les luttes décisives de la victoire. Il est donc, semble-t-il, d'impérieuse nécessité de causer un peu du « divin jus de la souche », surtout lorsqu'il atteint le prix de 80 centimes le litre en plein pays producteur.

Il y a, certes, d'excellents vins, et la réputation des vins récoltés en 1915 n'a point été surfaite, en général. Mais à côté des bons vignerons de progrès qui n'ignorent rien des vinifications rationnelles, combien sont encore nombreux ceux qui, ancrés dans leurs méthodes routinières, n'arrivent qu'à produire des vins très défectueux avec d'excellents raisins. Cela est si vrai que nous connaissons des vignerons qui, depuis un temps immémorial, ne possèdent en cave que des vins piqués ou tournés. En temps normal, lorsque le vin est bon marché, tous « les vins douteux » disparaissent dans la fabrication du vinaigre ou la distillation. Mais, cette année, il n'en est plus de même, car, avec la hausse, tous les vins trouvent preneurs, malgré la loi de 1905, si dure cependant pour tous les fraudeurs. Que les bons vins soient chers, peu importe ! mais ce qui est inadmissible, c'est de laisser libre circulation à toutes les bistrouilles *aigres* ou *tournées* livrées par des courtiers marrons, aux mercantis de l'arrière, tout aussi dangereux que ceux du front. Ces parasites sont doublement coupables, d'abord en méconnaissant d'une façon par trop provocante la loi sur les fraudes, et, ensuite, en exploitant honteusement la bourse et la santé des consommateurs.

Une répression énergique s'impose. Il suffit pour cela de surveiller très étroitement *tous* les établissements, *quels qu'ils soient*, qui débitent de la bistrouille à jet continu. La loi n'est point morte, il faut défendre le vin !

(*Le Réveil Agricole*, 27 février 1916).

LA CULTURE ECONOMIQUE DE LA POMME DE TERRE

La question de la pomme de terre est à l'ordre du jour dans tous les États belligérants. Cela se conçoit facilement, étant donné le rôle de la plus haute importance que joue ce précieux tubercule dans l'alimentation humaine. En temps de guerre, peut-être encore plus qu'en temps de paix, on est bien près de la famine lorsque les « Patates » n'arrivent plus « à la gamelle » ou sur toutes les tables d'une façon normale. Leur rareté provoque la hausse, souvent exagérée, entraînant des restrictions très pénibles parmi la population civile. Il s'agit donc, actuellement, de développer au maximum la culture de la pomme de terre, afin d'éviter toute rupture d'équilibre entre les demandes des consommateurs et les offres des producteurs. *La culture économique* s'impose, et l'idéal consistera à obtenir une production normale avec une très *petite mobilisation de semences*. Cela est réalisable d'une façon très simple, comme nous allons l'exposer, à la condition de bien se rappeler *que les méthodes doivent s'adopter aux sols*, ce qu'on oublie trop souvent.

On connaît plusieurs méthodes de plantations, que nous allons très brièvement passer en revue.

Tout d'abord, le procédé Aimé Girard, qui est le grand favori des publicistes agricoles, et cependant pour lequel nous faisons les plus grandes réserves. Les tubercules entiers de 80 à 120 grammes sont mis en terre aux écartements de $\frac{0\ 60}{0\ 60}$. Pour un hectare, il faut donc 33.300 tubercules correspondant à un poids brut de plus de 3.000 kilos de semences. Avec ce système, les résultats sont parfaits en sols *bien préparés, profonds, fertiles* et *frais*.

Partout ailleurs, les rendements en tubercules consommables ou vendables (1) sont très inférieurs.

La méthode par taillons de mon vénéré maître, Ch. Allier, utilise les taillons à 2 ou 3 yeux, du poids de 50 à 60 grammes, issus de gros tubercules, placés en sols bien préparés, aux espacements de $\frac{0\ 10}{0\ 50}$ ou $\frac{0\ 20}{0\ 60}$.

Appliquée jadis à l'Ecole pratique d'agriculture d'Avignon, où il était directeur, M. Ch. Allier obtint, par sa méthode, en sols secs irrigués, d'excellents résultats. En sols granitiques, peu profonds, pauvres et secs, la méthode Ch. Allier s'est montrée nettement supérieure à celle d'Aimé Girard sous le double rapport de l'économie de semences et des rendements.

Les deux méthodes précitées enlèvent à la consommation des milliers de tonnes de précieux tubercules, lesquels contribuent pour une large part à la hausse actuelle.

Nous pensons qu'il serait très facile de réaliser de grosses économies de

(1) 9/10 de petits tubercules non vendables.

semences, en utilisant les plantations de tiges bourgeonnées aux lieu et place des tubercules (1).

Les essais que nous avons poursuivis à ce sujet dans l'Ardèche sont absolument positifs et catégoriques.

Les tubercules triés sont étalés en cave obscure et autant que possible à une température supérieure à 17°. En peu de jours, avant que les tubercules soient ridés, on obtient des tiges racinées qui sont décollées avant qu'elles aient 0,20 de longueur.

Au moment de la plantation, il suffit de piquer ces pousses par deux, à flancs des sillons, aux écartements de $\dfrac{0\ 20}{0\ 50}$ et à la profondeur de 0,07 à 0,09, suivant les sols. En quelques jours, la partie extérieure verdit, donne naissance à 1 ou 2 tiges, en même temps que les racines prennent possession du sol. Dans nos expériences, chaque pied ainsi repiqué nous a permis d'obtenir 1 ou 2 tubercules. Comme poids moyen on peut admettre 70 grammes de tubercule, et par conséquent 140 grammes par poquet de deux.

Pour 200.000 pieds à l'hectare nous arrivons ainsi au rendement de 28.000 kilos. En réduisant ces chiffres de *un quart*, pour faire la part des accidents, nous arrivons finalement à 21.000 kilos de *tubercules vendables*.

En effet, si les gros tubercules sont très rares, par contre, on n'en voit jamais de petits. *Cette méthode de guerre* a l'avantage de laisser toutes les semences pour la consommation, soit des milliers de tonnes disponibles pour l'Intendance et la population civile.

La plantation donnera une réussite parfaite dans toutes les terres franches, légères et relativement sèches.

Les bourgeons-tiges une fois récoltés doivent être mis en terre, le plus rapidement possible.

Par contre, les tubercules germés exposés graduellement à l'air et à la lumière donnent des pousses vertes dont la conservation est assurée pour plusieurs jours. On peut même prévoir, grâce à cette préparation, leur exportation en Tunisie et en Algérie.

L'application généralisée de cette méthode est susceptible d'amener une baisse de 25 à 50 o/o sur les prix actuellement pratiqués.

Ajoutons, enfin, que les régions viticoles de Provence et Languedoc auraient intérêt à assurer leur consommation locale en tubercules. Tous les vignobles, recevant un seul labour, pourraient fort bien porter 1 ligne de tubercules au milieu des autres lignes.

(*Le Progrès Agricole et Viticole*, 9 avril 1906).
(*L'Emulation Agricole*).
(*Le Loiret Agricole*).

---

(1) Voir *Progrès Agricole et Viticole* « 5 années d'expériences comparatives sur la culture de la pomme de terre », 1905-1910.

LA MAIN-D'ŒUVRE ENFANTINE

L'agriculture souffre, incontestablement, du manque de main-d'œuvre. Il ne saurait en être autrement, attendu que tous les hommes valides sont mobilisés pour la défense de la Patrie. La terre, malgré cela, a pu continuer son admirable rôle de mère nourricière, grâce à l'aide de la main-d'œuvre féminine, secondée par les anciens, les militaires en congé et dans une faible mesure par les prisonniers de guerre.

Dans ces circonstances difficiles, la fermière française, qui s'est surpassée en dévouement et courage, a été en tous points la digne compagne, l'égale même « du vaillant poilu », qui reste toujours le premier soldat du monde. Toutes nos terres sont, en général, cultivées, plus ou moins bien peut-être, mais bien rares sont les grandes parcelles qui demeurent incultes. Actuellement la main-d'œuvre féminine rurale semble avoir donné son maximum.

Il conviendrait donc de lui venir en aide, sans diminuer la résistance du front, en mettant gratuitement à sa disposition la main-d'œuvre enfantine des écoles rurales et urbaines.

Il ne s'agirait point ici, de désertion totale, mais, simplement, de donner ordre aux professeurs, maîtres et maîtresses de consacrer à l'agriculture pratique deux journées par semaine. En effet, une foule de travaux légers peuvent être exécutés facilement et sans fatigue par les jeunes gens et jeunes filles, ainsi que par les enfants de 10 à 13 ans. Pour arriver à un bon rendement, il suffira de spécialiser les travailleurs, d'une part, et donner des repos fréquents, d'autre part. Cette main-d'œuvre enfantine, qui a déjà fait ses preuves depuis dix-huit mois, rendrait sans aucun doute de grands services à la culture. C'est ainsi qu'on pourrait lui réserver les sarclages, démariages, binages légers, poudrages des vignes, épamprages, effeuillages pour favoriser l'action des bouillies, ramassages et emballages des légumes et fruits. Dans les régions d'élevage, les plus âgés s'occuperaient de la traite, caillage, mise en moules, pressage et transport des produits. Les plus jeunes fourniraient des bergers, écremeurs, malaxeurs, mouleurs, faneurs, commissionnaires, plongeurs, etc.

Avec l'emploi de la main-d'œuvre enfantine, il n'y aurait que des avantages aussi bien pour les employeurs que pour les employés. Les uns seraient à même de mieux soigner leurs cultures et les autres bénéficieraient de saines et belles journées passées à la campagne.

Le sol, c'est la Patrie !

Mobilisons donc tous nos enfants pour sa défense, en leur donnant les moyens de rendre plus abondantes les deux mamelles de la France.

(*Le Réveil Agricole*, 7 mai 1916).

EXPLOITATION ECONOMIQUE DES REGIONS MONTAGNEUSES

L'agriculture telle qu'elle a été comprise en temps de paix est, à peu de chose près, absolument bouleversée par l'état de guerre. Aussi nombre d'agronomes habitués à la culture classique sont un peu désorientés par les problèmes agronomiques actuels. Dans la majorité des cas l'hésitation est de règle, ou bien on se borne à des redites hors saison et d'aucune espèce d'utilité pour tous ceux qui, privés de la main-d'œuvre habituelle, ne peuvent donner à leurs terres tous soins utiles.

La situation est encore-plus complexe pour tous les propriétaires, citadins, commerçants ou industriels, absolument profanes des choses de la terre, qui ont des exploitations privées de fermiers. Il s'agit donc de résoudre tous les problèmes qui se présentent, à la fois, *pratiquement* et *positivement*, afin de conserver à la terre tout ou partie de sa puissance manufacturière et assurer au mieux le ravitaillement des armées et des populations civiles. De même qu'on démontre la théorie du mouvement en marchant, de même nous pensons que les difficultés de la culture de guerre ne peuvent être vaincues que par ceux qui se sont spécialisés depuis de nombreuses années dans les questions théoriques et de pure pratique agricoles.

Au premier rang de ceux-ci, il convient de placer les directeurs de Services agricoles et professeurs d'Agriculture — trop méconnus assurément · et auxquels l'Intendance doit cependant ses plans départementaux de ravitaillement. Tous ceux qui ont le plus puissamment contribué à assurer le ravitaillement de nos armées restent encore les ingénieurs-conseils qualifiés pour solutionner rapidement toutes les questions rurales du jour.

Les problèmes actuels sont nombreux, comme du reste les solutions, et il n'entre nullement dans notre pensée de tous les passer en revue. Notre étude se limitera aux régions montagneuses, les plus éprouvées par l'absence de main-d'œuvre, étant donné qu'une grande partie des opérations culturales s'effectue à bras. C'est ce qui existe dans les départements du Cantal, Aveyron, Lozère, Haute-Loire, Ardèche, haut Gard et nombre de départements du sud-est de la France.

Si nous choisissons le cas le plus difficile qui se présente actuellement, celui de la *ferme sans fermier*, nous allons voir qu'il n'y a pas lieu de se désespérer, mais qu'il est au contraire facile d'obtenir une solution à la fois facile et positive.

RÉGION DU VIVARAIS

Les données du problème sont les suivantes :

A. — Région de la haute Ardèche : côte 600^m.

B. — Métayage de 17 hectares exploité par trois grandes personnes et quatre enfants de 2 à 12 ans.

C. — La répartition des cultures est la suivante :

Céréales	3	hectares
Prés naturels	2	—
Prés artificiels	1	—
Cultures sarclées	2	—

Vignes................................. 0,5 —
Châtaigneraies, mûreraies (1)............... 4 —
Landes, bois, etc............................. 4,5 —
                                        ――――――
                                        17 hectares

D. — Les étables et porcheries possèdent :
    4 vaches ;
    2 génisses ;
    4 chèvres ;
    1 truie portière ;
    2 porcs d'engraissement.

E. — Le métayage rapporte au propriétaire de 700 à 1.000 francs, selon les années.

Le métayer laisse, à son départ, une surface ensemencée en céréales ou plantée en tubercules, identique à celle qu'il avait trouvée à son entrée. S'il n'a rien trouvé, il laisse les terres nues et les fenils vides.

La solution qui s'impose est celle qui concilie les intérêts supérieurs de la Patrie d'abord, et, ensuite, ceux du propriétaire lui-même. Les règles à appliquer seront les suivantes :

1° Adopter une spéculation simple bien harmonisée au milieu naturel ;

2° Réduire de 75 o/o les travaux culturaux ainsi que la main-d'œuvre ;

3° Assurer la totalité de la vie matérielle des domestiques et partie de celle de la famille du propriétaire.

Aucune hésitation ne saurait être permise. L'élevage sera la seule spéculation à envisager. Afin de simplifier le travail d'un vieux ménage, ou de deux femmes, ou enfin d'une femme et d'un enfant de 10 à 12 ans, l'exploitation achètera des génisses d'élevage de 7 à 8 mois. Pendant la belle saison, les animaux iront au pâturage. En hiver, de novembre à avril, on aura le régime de la stabulation. En dehors de la fauchaison et de quelques petits travaux, qui seront effectués avec la main-d'œuvre militaire ou celle des prisonniers, les habitants de la ferme auront des occupations faciles et très minimes. Les génisses saillies à 15 ou 16 mois seront revendues, en état de gestation, une année après leur achat.

Pour la nourriture du personnel (2 personnes) et partie ou totalité de celle du propriétaire on adoptera les bases suivantes par tête adulte :

	Quantités	Surfaces utiles
Seigle	450 kg.	25 ares
Pommes de terre	300 kg.	2 ares
Choux...............................	150 têtes	1 are
Haricots, Pois-chiches	70 kg. (1)	
Raves	100 kg. (1)	

Au point de vue cultural, l'introduction du bétail modifie la répartition primitive, qui sera dès lors la suivante :

Prés naturels........................... 4 hectares
Prés artificiels......................... 1 hectare
Prés temporaires..................... 2 hectares
Jardins, Céréales, Pommes de terre........ 1 hect. 1/2
Vignes .... 1/2 hect.
Autres................................. 8 hect. 1/2

(1) Pour éduquer 3 à 4 onces de vers à soie.
(1) En cultures dérobées.

En tablant sur une moyenne de 3000 kilos de foin sec à l'hectare, il nous sera facile d'alimenter 13 génisses. Pendant 180 jours de stabulation elles recevront 7 kilos de foin sec. Dans la période d'estivage, les génisses auront une ration individuelle de 2 kilos de foin sec.

Les dépenses de l'exploitation ainsi comprise peuvent s'évaluer de la façon suivante :

13 génisses à 200 fr.	2.600
1 truie	150
1 domestique adulte, 1 enfant	1.200
Fauchage, fanage	225
Labours [semences fourragères, ces dernières à amortir sur 4 années]	275
Impôts, assurances, vétérinaire, aliments complémentaires, divers	500
Total	4.950

A la fin de la première année d'exploitation (12 mois) on peut prévoir les recettes suivantes :

11 génisses pleines (450)	4.950
2 — vides (380)	760
6 porcelets (40)	240
Vin en métayage	250
Châtaignes id.	200
	6.400

Les projets de culture (2) *et de budget* (3) sont donc positifs, attendu qu'ils font prévoir un bénéfice net de 1.450 francs.

RÉGION DU CANTAL

Tout ce qui précède est applicable, avec quelques légères modifications, au département du Cantal, du moins en ce qui concerne l'élevage. Deux cas peuvent cependant se présenter :

A) Si la main-d'œuvre est complètement absente, on se bornera, comme cela a été indiqué, à la spéculation sur les *Bourrettes* (1) revendues *doublonnes* (2) B); Si, au contraire, on dispose d'une main-d'œuvre suffisante (*féminine, enfantine, vieillards,* permissionnaires, réfugiés, étrangers, etc.), on n'aura qu'à continuer les pratiques locales « des montagnes à vacheries » (3 pour la production du fromage du Cantal.

La seule modification importante à poursuivre, et qui réduirait la totalité du travail de plus de 75 0/0, consisterait à réaliser la *suppression de la fabrication individuelle du fromage du Cantal.* Malgré l'absence de spécialistes habituels, il sera toujours facile de constituer des « coopératives » ou « centres communaux de fabrication », en utilisant des équipes mixtes de

---

(2) De la terre de misère à la terre de rapport (*Progrès Agricole et Viticole* (1912) ; Exploitation du sol (1911).

(3) Exploitation économique du sol (*Progrès Agricole et Viticole* (1911).

(1) Génisse d'un an.

(2) Génisse de deux ans.

(3) Le troupeau bovin qui va estiver de mai à septembre sur les pâturages cantaliens constitue « la Vacherie ». — L'exploitation porte alors l'appellation de « *Montagne à Vacherie* ».

militaires (auxiliaires, inaptes, grands blessés [armés du révolver] et de prisonniers). La direction serait confiée à un praticien ou praticienne de la localité, qui, tout en surveillant la fabrication, tiendrait les registres des entrées-sorties.

Les ventes seraient faites par les soins d'un administrateur, désigné par les intéressés, qui assurerait la répartition des bénéfices au prorata du poids de lait apporté par les éleveurs.

Avec un peu d'initiative, le Comité agricole communal pourrait même assurer le contrôle des laits en poids, richesse et qualité.

On aurait intérêt à organiser des centres de fabrication, susceptibles de traiter de 1.000 à 2.000 litres de lait par jour, ce qui correspondrait à 4 fromages de 50 kg., ou 8 fromages de 25 kg., genre Laguiole. Sans frais, il serait facile d'organiser la fromagerie dans un local quelconque, à la condition d'avoir de l'eau en abondance pour faciliter les lavages et nettoyages. Tous ceux qui ont vu l'installation des Schmit, d'Allanche, savent très bien qu'un local très modeste peut toujours être aménagé pour la fabrication temporaire des fromages et du beurre.

Comme personnel, il serait indispensable d'avoir dans chaque centre :

Un directeur-praticien-comptable ;

Quatre à six enfants (ramasseurs de lait, avec voitures) ;

Trois hommes, ou six femmes ou jeunes filles.

De ce qui précède, il semble normal de conclure qu'il est très facile, malgré la guerre, d'assurer la vie et la fécondité de toutes nos régions montagneuses.

Les multiples problèmes qui s'y présentent peuvent toujours se réduire à deux ou trois types, et être résolus avec autant de dextérité que d'élégance.

(Le Progrès Agricole et Viticole, 28 juin 1916).
(L'Emulation Agricole).

_____

ORGANISATION D'UNE EXPLOITATION AGRICOLE
EN TEMPS DE GUERRE

« Deux fronts » existent actuellement, à notre avis. Le front militaire (ses armées et ses usines) et le front agricole. Le premier, admirablement encadré, a tout ce qui est nécessaire pour lui permettre de remplir la noble mission à lui confiée. Le front agricole a conservé son merveilleux tableau ; mais, hélas ! faute de quoi l'encadrer, on n'arrive à lui maintenir son profil normal, qu'avec le dévouement — auquel on a du reste souvent rendu hommage — de ceux que le sexe ou l'âge maintiennent attachés à la glèbe. L'équilibre de l'exploitation est instable et l'indécision la plus grande règne souvent dans les exploitations privées de leurs directeurs habituels. On continue, au petit bonheur, les cultures réalisées en temps de paix. Il y a là une lacune qu'il conviendrait de combler en fixant quelques *lois agronomiques de guerre*, susceptibles d'être généralisées à la plupart des domaines ou fermes de notre pays et de nature à servir de guide à tous ceux qui, du jour au lendemain, se sont réveillés *agronomes*, souvent même, sans avoir fait d'agriculture. Nous pensons qu'il n'est jamais trop tard pour faire œuvre utile. Aussi, allons-nous exposer brièvement nos vues sur cette question de la plus haute importance.

Tout d'abord, nous dirons que l'économie de l'exploitation de guerre est souvent tout juste le contraire de celle de la paix. En année ordinaire, l'exploitant n'a qu'un seul but : celui de réaliser le maximum de bénéfices, sans autres considérations. En temps de guerre, tout doit se modifier, *l'intérêt supérieur de la Patrie* devant primer les *intérêts particuliers*, et même les négliger totalement, dans certaines circonstances. Ce principe étant admis par tous les patriotes, il semble possible de modifier de la façon suivante les règles d'exploitation en temps de guerre :

1° La ferme doit produire tout ce qui lui est nécessaire, pour assurer l'alimentation humaine et animale. Exporter le maximum, ne rien importer, telle doit être la règle générale.

2° En pays montagneux, faire de l'herbe et exploiter du bétail. En plaines et plateaux, utiliser toutes les soles à la culture des céréales et tubercules. En sols fatigués ou infestés de plantes adventices, étendre la culture du seigle, plus rustique que celle du froment.

3° Après moisson, multiplier sur les chaumes les cultures dérobées de haricots, sarrasin, raves, navets, raiforts, etc.

4° En automne, réserver les sols le plus pauvres ou envahis par les herbes, pour les cultures de printemps.

5° Selon les conseils de M. Méline, notre éminent Ministre de l'Agriculture, donner la plus grande extension aux exploitations du jardin et de la basse-cour. En réserver les travaux et soins aux jeunes filles et enfants des écoles.

6° Développer l'emploi du machinisme en demandant aux communes d'acheter avec le concours de l'État tout le matériel utile aux besoins de la commune. Avec un peu de bonne volonté, on arrive à utiliser les machines, même dans les régions les plus accidentées.

L'application des principes énoncés ci-dessus et généralisés à toutes les exploitations aura une répercussion immense sur la situation économique du pays tout entier. En effet, l'exploitation se suffisant à elle-même, d'une part, et augmentant ses disponibilités pour le ravitaillement, d'autre part, le change sera plus stable, par suite de la réduction des importations.

Ainsi, après avoir donné son or à la Patrie, le cultivateur français aura su, de lui-même, en stabiliser la valeur.

(*Le Réveil Agricole,* 18 juillet 1916).
(*L'Émulation Agricole*).

RÔLE DES CULTURES DÉROBÉES EN TEMPS DE GUERRE

Les cultures dérobées occupent le sol entre deux cultures principales. Leur rôle économique, de la plus haute importance, peut être énoncé de la façon suivante :

1° Fixation des nitrates pendant la période estivale, comme l'a démontré Déhérain ;

2° Utilisation des résidus et transformation des toxines laissés dans le sol par les récoltes précédentes, rendant ainsi possible la culture continue d'une espèce donnée sur la même sole ;

3° Production rapide et abondante de divers produits alimentaires.

Les cultures dérobées sont, depuis un temps immémorial, l'objet de tous les soins des petits propriétaires ou fermiers des régions granitiques ou volcaniques, qui utilisent pour l'alimentation humaine ou animale tous les produits variés obtenus.

Immédiatement après les moissons ou la récolte des pommes de terre hâtives, le sol est clairement ensemencé de pois et haricots nains, raves, navets, raiforts et de sarrasin. Pendant six à sept mois, de septembre à fin avril, les ménagères ordonnent les menus avec les produits verts ou secs précités, évitant toute importation pour la cuisine, et réalisant de la sorte de grosses économies. Cela est si vrai que, dans toute la zone du Plateau Central, les fermières ont toute l'initiative de la conservation des semences et apportent toute leur énergie pour que les semis soient toujours effectués en temps utile.

Les services rendus par les cultures dérobées, dès le temps de paix, doivent faire actuellement une obligation à tous les exploitants — petits et grands — d'en intensifier au maximum les surfaces, ce qui ne présente aucune difficulté. L'armée elle-même aurait un intérêt considérable à s'assurer (en y collaborant) des ressources inépuisables de raves, navets et raiforts améliorés de l'Ardèche. Ces trois crucifères, qui peuvent parfaitement se substituer à 50 0/0 des pommes de terre dans la confection de « la soupe-rata » sont susceptibles de fournir en mélange un rendement minimum de 4.000 kilos à l'hectare. Cela représente, en tablant sur un kilo par semaine (en deux fois) à assurer le ravitaillement pendant plus de vingt semaines d'une batterie d'artillerie, ou bien quatre semaines celui d'un bataillon. Ajoutons, enfin, que les raiforts sont excellents consommés crus ou en salade. Enfin, les feuilles des raves, navets et raiforts, passés à l'eau bouillante, peuvent remplacer avantageusement les épinards. — Nous croyons que nos vaillants poilus seraient très heureux d'avoir les terres de France comme potagers, et certainement notre Ministre des Finances ne tarderait pas à manifester lui-même son entière satisfaction, étant donné que les économies réalisées se chiffreraient facilement par de nombreux millions.

Les cultures dérobées de sarrasin, pois, haricots et navets seront réservées aux terres franches assez propres et fraîches, sans excès d'humidité. On réservera les parcelles les plus chaudes pour le sarrasin, qui craint les fortes rosées, gelées et brouillards au moment de la floraison. Partout ailleurs, on sèmera raves et raiforts. Au point de vue cultural, la simplicité la plus élémentaire présidera à toutes les opérations, qui seront exécutées de la façon suivante :

1° Mettre le feu aux chaumes, après avoir circonscrit les parcelles, si cela est utile, par le passage, aller et retour, d'une charrue polysocs, afin d'éviter les incendies ;

2° a) Sur les sols très propres, semer directement les graines et les enfouir par un hersage suivi, si possible, d'un roulage ;

b) Dans les sols broussailleux, passer des charrues polysocs ; semer et enfouir comme précédemment ;

3° Laisser faire la nature, et récolter.

Le sarrasin récolté un peu avant maturité complète sera mis en gerbes droites pour la dessication, et le grain battu en grange. Réduit en farine, il servira à préparer « les bouriols du Cantal » (1) ou « les besantios de la Drôme », qui remplacent le pain dans les petits déjeuners du matin.

Les pois seront utilisés à l'état vert, alors que les haricots, bien secs, serviront à préparer d'excellentes soupes et plats divers.

Enfin, raves et raiforts, ramassés à mesure des besoins, gagneront les silos avant les premières gelées de décembre.

Souhaitons donc de voir, cette année, les cultures dérobées occuper, après moissons, toutes les soles ne devant être cultivées qu'au printemps prochain.

(*Le Progrès Agricole et Viticole*, 9 juillet 1916.)
(*L'Emulation Agricole*).

(1) Dans le Cantal, effectuer les semis de sarrasin au plus tard fin juin.

Guide à l'usage des Agriculteurs de la Haute-Ardèche. 1897. *Épuisé.*

Les Vignobles des Côtes du Rhône, 1898. *Épuisé.*

La Race Tarentaise. 1898. *Épuisé.*

Excursion viticole dans les Côtes du Rhône. 1898. *Épuisé.*

La Vigne dans le Valais. 1899. *Épuisé.*

La Mégisserie à Annonay. 1899. Journal l'*Illustration.*

Agriculture Ardéchoise. Couronné par la Société d'encouragement à l'Industrie nationale et par le Conseil général de l'Ardèche. 200 pages 1901. — 5 fr.

Les Assurances mutuelles contre la mortalité du bétail. 3 éditions, 1898, 1900,
   1903. *Épuisées.*

Le Châtaignier dans l'Ardèche. 1901. *Épuisé.*

Le Pommier dans l'Ardèche. 1906. — 3 fr.

Le Cerisier dans l'Ardèche. 1907. — 3 fr.

Les Raisins tardifs dans l'Ardèche. 1908. — 2 fr.

Expériences comparatives sur la Culture de la Pomme de terre. 1905 à
   1909. — 1 fr. 05.

La Pratique des Industries du Lait résumées en 4 leçons. 1910. — 3 fr. 15.

L'Exploitation lucrative du sol. 1911.   ⎫
                                                          ⎬ les deux 3 fr. 15.
De la Terre de misère à la Terre de rapport. 1912.   ⎭

Nouvelle méthode de Fumure des arbres. 1912. — 1 fr. 10.

Les Écoles ambulantes de laiterie. 1913. — 2 fr. 10.

Les Prairies et Pâturages du Cantal. 1914 (*gratuit*).

Une Solution à la Crise de la main-d'œuvre dans le Cantal. 1914 (*gratuit*).

SOUS PRESSE :

La Race bovine de Salers.

Le Fromage du Cantal.

EN PRÉPARATION :

L'Agriculture du Cantal (Agriculture, Economie rurale, Elevage, Industries laitières,
   Spéculations agricoles). 200 pages.

———

Publications en vente chez l'auteur
à Saint-Sauveur-de-Montagut (Ardèche)